阅读成就思想……

Read to Achieve

AI应用落地之道

实践フェーズに突入
最強のAI活用術

[日] **野村直之**（Naoyuki Nomura）／ 著

孔毅珺／译

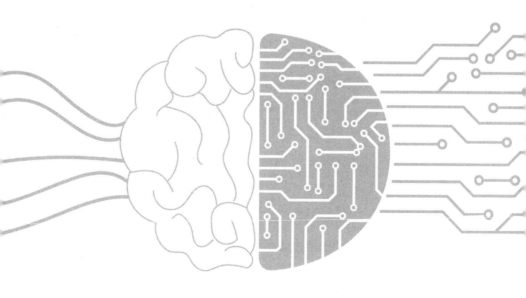

中国人民大学出版社
· 北京 ·

图书在版编目（ＣＩＰ）数据

AI应用落地之道 ／（日）野村直之著 ； 孔毅珺译
. -- 北京 ：中国人民大学出版社，2020.4
ISBN 978-7-300-27864-3

Ⅰ. ①A… Ⅱ. ①野… ②孔… Ⅲ. ①人工智能－应用
Ⅳ. ①TP18

中国版本图书馆CIP数据核字(2020)第003314号

AI应用落地之道

[日]野村直之 著

孔毅珺 译

AI Yingyong Luodi Zhi Dao

出版发行	中国人民大学出版社			
社　　址	北京中关村大街31号		**邮政编码**	100080
电　　话	010—62511242（总编室）		010—62511770（质管部）	
	010—82501766（邮购部）		010—62514148（门市部）	
	010—62515195（发行公司）		010—62515275（盗版举报）	
网　　址	http://www.crup.com.cn			
经　　销	新华书店			
印　　刷	天津中印联印务有限公司			
规　　格	148mm×210mm　32开本		**版　次**	2020年4月第1版
印　　张	8.25　插页1		**印　次**	2020年4月第1次印刷
字　　数	174 000		**定　价**	69.00元

引言

▲ 未来 AI 时代人类工作的价值

如今,人工智能(以下称 AI)技术得到了迅速发展,已具备了识别图像、声音、数列、文章的能力,这也让以往的计算机望尘莫及。例如,AI 能够轻而易举地在合影照片中识别出具体的人物,而且准确度高,其能力已经相当于儿童的水平,实在令人惊叹。

一方面,这样的进步让从事 AI 研究的人员感到非常兴奋。虽然未来充满了不确定性,但大家似乎已经都沉浸在"AI 无所不能"的乐观情绪之中。许多媒体都开始声称"AI 能和人类一样学习进化""AI 能顺应大趋势进行决策",然而,这些说法其实与事实还有很大的差距。更有学者表示,"AI 的进化将剥夺人类的就业机会",这又让一些人陷入了焦虑当中。

另一方面,提供 AI 产品与服务的企业为了宣传产品的效果,不断强调 AI 是数字化的劳动力。这些宣传会让人产生错觉,以为现在的 AI 已经具有自我意识和责任心,所有的行为都能与人类一样符合社会常识。

除了以上种种，所谓"人工智能"的称呼本身，也确实容易让人高估它的能力。事实上，目前社会中流行的关于 AI 的各种说法中包含了很多误解。

我可以断言，短期内不可能出现具有完整人格的 AI 或机器人。除了一部分特殊的单纯性工作（如只需要依靠视觉的岗位会完全交由 AI 负责），对于普通性工作，AI 能够替代人类完成的部分，也只占到全部工作的 1% ~ 30%。

NTT DATA 经营研究所在 2017 年 7 月发表的针对东京地区和其他城市地区约 1000 名白领的调查报告显示，他们认为 AI 取代了自己大约 30% 的工作内容。[①] 这样的结果和我的预测几乎一致，反倒让我有些惊讶。

这一结果也几乎与未来五年或十年内 AI 提高白领工作效率的预测一致。预测显示，使用 AI 能使生产效率提升 3% ~ 5%。

▲ 合理使用 AI 的方式

一方面，当大众听说"AI 的进化将剥夺人类的就业机会"，出于对机器的担忧和反感，就会产生逆反心理，从而造成对 AI 能力的过高预估；另一方面，当这种过度的期待没有实现时，又会走向另一个极端，即对 AI 的全盘否定，如认为"AI 什么也干不了""真要用 AI 的话，得费很多周折""不给 AI 供应商提供大量数据就没

---

① 数据来自 NTT DATA 经营研究所的《有关 AI/ 机器人取代人工的认知调查》一文。

法用""到头来 AI 还不是一无是处、毫无意义"。

和过高的期望一样，因为不了解 AI 的真实情况和能力就将其全盘否定，也是对 AI 的误解之一。我们该如何澄清关于 AI 的各种误解，使企业能够妥当地使用 AI？此处所谓的妥当使用，是指企业通过运用 AI 能获得较高的投资回报率（ROI），合理地提升生产效率，让人类工作者能够腾出手来从事更有意义、更有趣、更富有价值的工作内容，从而获得幸福感。

我在这本书中主要针对已经参与或即将参与 AI 系统相关工作的读者来揭示 AI 的本质，同时说明引入 AI 系统时必不可少的精度测试，以及以此为基础的业务流程（扩展、复杂化）设计方法等诸多为了充分运用 AI 系统需要掌握的要点。本书将就以下的疑问进行详细地解答。

- 虽然对目前的 AI 有基本的理解，但不清楚具体该做什么，也不知道该从何处入手。
- 构建 AI 系统时应该使用什么样的硬件和软件？
- 听说有很方便的 AI 云服务，是真的吗？
- 自己的企业内部并没有可以立即用于机器学习的大数据，该怎么办？
- 希望能用到货真价实、性价比高的 AI 产品和 AI 系统实施服务，但如何才能辨别？

正在进行 AI 系统应用的 AI 推广部门、信息系统管理部门、经营企划部门、新事业开发部门和考虑引入 AI 系统的物流部门、生产管理/质量控制部门，以及为企业客户提供 AI 系统应用咨询与支援服务的供应商、咨询公司，都能通过本书找到可以取得立竿见影效果的措施。

▲ AI 是一个既便捷又特殊的辅助性工具

我先前在企业工作，后又转到大学，再到如今经营自己的创业公司，一直从事与 AI 有关的研究开发和面向企业的应用服务，深感 AI 确实是一个便捷的工具，但却有着自己的个性。33 年来，我一直致力于 AI 的开发、应用和部署。

过去 10 年中，我们一直在开发 AI 应用产品和 API（应用程序编程接口），并以云服务通读、内部部署（服务器安装类型）或租赁的形式提供给企业客户。同时，为一些行业的领先企业、大学的 AI 系统应用项目提供帮助。

在应用 AI 系统时，我们自始至终保持以数字结果为导向，肩负实证评估的责任，抱着与客户共进退的严谨态度。我们不会轻率地将部署传统 IT 系统的方式套用在 AI 系统应用上，这样只会让系统变得徒有其表；也不会本末倒置地把使用 AI 当成最终目的，生搬硬套特定 AI 产品。

最近几年，我们立足于企业经营决策者的立场，着眼于文本分析类的 AI 应用开发，并且自己也在日常工作中使用它，不断地实践。文本分析类的 AI 不仅有可见的定量效果，同时还能帮助经营者发现那些仅凭人工无法察觉的启示。

2006 年，我们在经济产业省 IPA（信息技术促进机构）的独创软件事业评比中获得了"超级创造者"的认证。此认证源自我们创造的一种 IT 开发方式，即让那些具有潜在需求的业务部门，与不懂业务但具有其他行业先进案例经验和 IT 工具改进创意的 IT 人员进行配对，以敏捷开发（agile）的方式，在构建新 IT 系统原型的过程中明确需求。我们将这种新的开发方式称为"配对需求开发"。

从那时起，我们就一直致力于建立起一种方法论，并不断实践至今，即同时立足于 AI 的供应商和用户企业双方的立场，公平地予以观察，通过双方互相学习，催生出新的应用形态与案例。

在接下来的章节中，我们将根据自身已有的经验，对从 AI 系统部署和应用、实证测试（PoC"概念验证"、可行性研究，然后通过 PDCA 将应用范围进行扩展）到系统上线后的维护进行说明。在第 1 章中，我们会对 AI 的现状进行说明；在第 2 章中，我们将对使用 AI 核心技术"深度学习"（Deep Learning）的方法进行解说；在第 3 章中，我们将会介绍用好 AI 的关键在于目标精确度的评测与活用，并讲解具体的方法；第 4 章是本书的核心，从样本数据的制作方法到硬件、软件的选择，为读者展示充分活用 AI 所需要的专业知识实例。

▲ 当今的 AI 具有广阔的应用前景

目前的 AI 仅仅是一种辅助性工具。例如，我所经营的元数据公司提供的"猫辨识"系统，就是一个典型的只具备单一功能的专用 AI。它会把所有输入的图像一律视为"猫"，并将其与 67 种猫做比较，计算概率值输出。无论是人脸还是车前挡，都被这个系统视为猫，只会在"猫"的范围里做判断。

具有自我意识、干劲、责任感、谈判能力、真实的喜怒哀乐以及同理心，能够和人类共事或者向人类推销商品的 AI 何时会出现？在以 24 世纪为舞台的科幻作品《星际迷航：下一代》(*Star Trek: The Next Generation*) 中，作为男二号的生化人数据少校 (Mr. Data) 虽然没有情感，但却具有好奇心、自我意识和使命感，能够为了梦想而发挥真正的创造力。这样可靠的 AI 生命体如果能成为人类的伙伴，那将多么美妙呀！这样的 AI 的出现，就是实现了用人工智能复制人类的梦想。

然而，就目前的科学技术发展情况而言，这样的 AI 或机器人尚无实现的可能。这一奇点（技术进化的关键节点）应该也不会出现在 21 世纪。

著名的脑科学家茂木健一郎先生甚至有些耸人听闻地声称"奇点已经发生"。[①] 其真实目的可能是为了让大众理解计算机原本就具有远超人类的记忆和计算能力，在特定方面其实早已超越了人类，因此不必对它今后的进化太过在意。这样的观点和"AI 只是工具"的论调如出一辙。

特别是在 2015—2016 年 AI 正值热潮时，将 AI 与人类相提并论，号称它会威胁人类就业的声音不绝于耳。针对此类言论，我主张"目前的 AI 都只是一种辅助性工具。既然是工具，其某些功能理所当然要超过人类（这是工具诞生的理由）"。换言之，所有 AI

---

① 引自茂木健一郎发表在 *ITpro* 杂志上的《AI 已经超越人脑的极限》一文。

在诞生之初，在某些方面必然超过人类，所以讨论所谓"AI 何时能超越人类"毫无意义。这样的主张与用模糊的定义讨论 AI 与人类智力相比孰高孰低的态度截然不同。

我之所以能如此断言，是因为如今那些我们看得到商业化前景的 AI 已经让我们感觉到广泛应用的可能性。这种可能性也许会让我们的经济和社会发生颠覆性的改变。而要将此种可能性转变为现实，需要做大量的工作。要不断激发提升 AI 应用效果的创意，收集数据，思考应用的方式并加以验证，还要不断地扩充业务流程，逐步提升生产效率，等等。

当前，我们应该利用现有的 AI 部件和素材，尽可能提升生产效率、提高服务水平、扩展 AI 服务的对象范围。特别是在日本，由于出生率下降和人口老龄化，预计到 2030 年劳动力人口将减少13%。也正是因为存在这样的问题，在提升白领生产力和 AI 开发的国际化竞争中，日本将会落后于欧美国家和中国。因此，正确理解 AI 的实际情况和特性，全力推动 AI 应用才是目前最紧迫的任务。

而那些属于自然科学研究范畴，以实现与人类有着同等意识、羞耻心、责任感为使命的"强 AI"，我认为目前不需要花费大规模的研究经费。此外，能够自我学习、将学习成果高度抽象化，并通过类比解决不同领域未知、未得到验证的问题的通用 AI 和 AGI①，目前也无法实现其商业化应用。

如果出现了号称 AGI 的产品，那你可以基于本书以及我写过

---

① AGI 即 Artificial General Intelligence，意为通用人工智慧。

的《人工智能改变未来》一书中的分析进行判断。如果该产品的应用能降低成本，同时其制作样本数据的难度以及应用成本能得到控制，那么尝试开发与应用也未必不可。但是，我们基本上不能抱有过高期望，此时，保持冷静审视 AI 的功能与企业课题是否匹配的态度尤为重要。

就降低成本、节省制作样本数据的投入而言，相比 AGI，可以在一定程度上复制现有的机器学习成果的"迁移学习"（Transfer Learning）更值得关注。加之对于目前的产业圈而言，积累机器学习的应用技巧和经验，确立以合理成本和适当规模制作样本数据的方法论更为重要。

当前许多机器学习算法仍无法自学（非监督式学习），因此提升制作样本数据的效率和精度极为重要。虽然存在部分无监督数据的学习，但它无法正确反映现实世界的常识，所以其用途有限。类似于图像数据库 ImageNet 及其所基于的大型概念网络 WordNet 这样的样本数据库，也会随着 AI 的发展具有更多的附加价值。

▲ 从知识劳动到"智能劳动"

在第 5 章中，我们将讲解从事 AI 应用工作的人员应具备的技能。如果 AI 能够吸收大量知识并活用于信息处理、判断和提出建议，那么人类就能腾出手来从事附加值更高的工作。

当今社会，人类面临着前所未有的变化，需要具有突破现有局面的能力，这也是 AI 难以做到的。要具有这样的能力，不仅要能发现问题，还要能够恰当地定义问题涉及的范围，为解决问题设定目标（精确度和成本）。

在人类的工作从知识劳动转向"智能劳动"的时代，明确为此需要怎样的教育以及在职培训是很重要的课题。

最后，在第 6 章中，我们会审视日本在 AI 应用方面与欧美国家及中国之间的差距。即使日本拼命努力，这些差距也可能无法缩小，反而会日益扩大。这是日本面临的严峻现实。

大多数情况下，在应用许多单一功能的专用 AI 后，业务流程会变得更加复杂，人类的工作数量与种类也会随之增加。到 2030 年时，日本劳动人口数可能会减少到只相当于 2012 年 87% 的水平。此消彼长，相对于失业，日本会面临更严峻的劳动力不足的问题，有必要认真思考更有效的 AI 应用方法了。

今后几十年内，如果通过 AI 技术的落地应用而提升的生产效率只有百分之十几的话，那在不断为更多消费者提供高质量服务的国际背景下，即使消费者的需求日益增长带来巨大的市场机会，日本也无法参与竞争。

经济产业省在 2016 年表示，按目前的情况，因工作被 AI 和机器人取代而失业的人员数量最高可达 735 万人。[①] 这个预测的最大问题在于测量生产效率时往往低估了商品数量（包括服务在内的产品数量）的增加。

---

① 据经济产业省"新产业构造愿景"产业构造审议会整理。

近年来，随着智能手机的迅速普及，一些通过优秀的 App 提供颠覆性服务的行业，也会带动其他行业转变，因为消费者的需求被这些行业提升了。在服务质量的提高以及服务对象范围的扩展中，社会整体的幸福感也被提升了。假设服务质量与服务对象范围都提升 10 倍，那么商品数量作为计算生产效率时的分子，就应该将两者相乘而得到提升 100 倍的结果。

"质量 × 数量"使得商品数量相应大幅增加，但到 2030 年劳动力将会减少 13%。在此背景下，单纯吸引外来劳动力无疑是杯水车薪，除了全面应用 AI 将生产效率巨幅提高之外别无他法。

2017 年 7 月，以 105 岁高龄去世的日野原重明医生说过："一直埋头拼命努力挑战人生，一抬头发现已经超过了 100 岁。"由此显示出其致力于发挥智能、锐意开拓，以及创造知识的人生态度。这样的精神在今后的 AI 时代依然会熠熠生辉。

在未来的 AI 时代，希望人类能够创造属于自己的工作价值，并由此提升社会整体的幸福度。我将本书献给所有抱有这样美好愿望的人们，也希望借此获得更多的共鸣与认同。

ARTIFICIAL INTELLIGENCE

目录

第 1 章

当今 AI 的功能与局限

第 4 章

AI 部署的实例

第 5 章

AI 部署人才应具备的技能

第6章

将 AI 用于商业用途时需注意的问题

C HAPTER 1

第 1 章

当今 AI 的功能与局限

- 目前的 AI 都是辅助性工具；

- "强 AI" 无法在 21 世纪内诞生；

- 积极理解深度学习的特性，并设法将其实用化。

本章将会总结目前以深度学习为代表的 AI 的大致情况，并对其已具有和尚未具有的能力进行归纳。

如本书引言所述，目前的 AI 作为一种辅助性工具，主要在图像、声音识别方面具有很强的实用性，而且发展迅速。我们可以预见，AI 今后将与人类一样拥有视觉、听觉和读写能力，并被广泛地应用到各个行业，取代人类完成一部分工作，最终在提升生产效率、创造社会财富和缓解劳动力不足方面发挥价值。

遗憾的是，目前大众对于 AI 还存在很多认识上的误区。比如，过度关注需要几十年或几百年才能实现的"强 AI"以及具有和人类同等知性的"通用 AI"，并将它们与目前作为辅助性工具应用在商业领域的局部 AI 混淆。虽然后者在当前更为重要，但相关的讨论，比如怎样将目前已经成熟的 AI 技术应用于短期的企业战略规划，如何用 AI 重构业务流程、提高生产效率等话题，却很少听到。

事实上，对于企业而言，并不需要在三年或者五年的短期计划中考虑"强 AI"或"通用 AI"。让我们先从这一点开始吧。

▲ 关于 AI 常见的误解

目前的 AI 并非"通用 AI"，而是只能完成特定工作的专用 AI，其种类高达上千种。大众对 AI 过度的期待，以及对 AI 所持有的理想与现实存在巨大落差而深感失望的现状，很可能源自对 AI 的实际应用情况了解不足，或者对它存有误解。高德纳（日本）IT 咨询公司在 2016 年 12 月发表了关于 AI 常见的误解：

1. 具有高度智慧的 AI 已经存在；
2. 如果导入类似于 IBM 沃森那样的机器学习、深度学习的技术，任何机器都能变得无所不能；
3. 存在一种名为 AI 的单一技术；
4. 只要引入 AI 就能立刻见到效果；
5. "非监督式学习"过程不需要指导，所以比"监督式学习"先进；
6. 深度学习是最强大的；
7. 算法如同编程语言一样可以随意选择；
8. 存在任何人都可以立刻上手的 AI；
9. AI 是一种软件技术；
10. 到头来 AI 什么也干不了，毫无意义。

很多层面的问题交织在一起，导致了以上误解的产生。事实上这几种说法都不正确。

"具有高度智慧的 AI 已经存在"的说法显然不正确。目前"通用 AI"尚未诞生，我们对如何创造也无从知晓。就连"AI"的精准定义，我们都尚未有定论。

"只要使用了 AI 后就可以变得无所不能"的想法也是错误的。

要想让 AI 发挥作用，就必须努力获取、积累大量样本数据和词库，评测并提升系统精确度，将其应用到业务实践中。如果不下这样的苦功，那么即使用了 AI 也解决不了眼前的问题。关于这一点，我会在第 2 章里详细说明。同样的理由，关于"只要引入 AI 就能立刻见到效果"和"存在任何人都可以立刻上手的 AI"的说法也是不对的。

其实，对于"只要引入 AI 就能立刻见到效果"的说法，我认为并不妥当。在由人工智能学会编撰的厚达 1600 页的《人工智能学大事典》中介绍的 AI 多达上千种，这些 AI 既类似又不尽相同。每个 AI 的来源与目的、实际状态各有差异。然而，媒体在报道时经常会粗略地说"这种产品使用了 AI"，从而导致了类似"存在一种名为 AI 的单一技术"的误会在大众中蔓延。剩下的几个错误观念，其产生的原因与深度学习、非监督式学习 / 监督式学习有关，我会在第 2 章中详细论述，也希望读者在阅读相应内容后再做出判断。

反过来，那种认为"到头来 AI 什么也干不了，毫无意义"的说法又是另一种极端。依靠当今已实现商业化的 AI 技术，计算机已经能够通过"眼观耳闻"来辨认物体了。正所谓物尽其用，计算机作为工具，借助人类的智慧和创意，在解决问题、提供服务方面的确有着无限的可能。

如果今后 AI 应用的落地足够成熟，那以前许多只能依靠手工以及因工作量太大而不得不放弃的工作，都有可能交给 AI 来完成。

▲　利用大数据的围棋 AI

"目前所有的 AI 都是工具。工具自诞生以来必然在特定功能方面超越人类，否则就没有存在的意义。"话虽如此，但仍有人担心在五到十年内 AI 会取代人类完成大部分工作。我也从近日与近百人的交流中发现，抱有这样疑惑的大有人在。

其中一个原因是近来 AI 在围棋和将棋（日本象棋）领域中的活跃度，让人们产生了一种"AI 的能力令人惊叹，人类已难望其项背"的印象（事实上，就将棋而言，能够利用 AI 选择如何进行下一步的人类棋手最强）。

谷歌旗下 DeepMind 公司的围棋 AI "阿尔法狗"（AlphaGo）就是运用大数据的典型案例，它通过巧妙的预测落子的胜率来走棋。

围棋和将棋胜负明确，因此可以制作两种不同走棋风格的 AI，使其对弈就可以自动生成人类需要花费数万年才能得到的棋局数据，可以说这是该领域的独到之处。

相对于围棋和将棋，落子组合是一个数量级的国际象棋领域。1997 年，IBM 公司的超级国际象棋电脑深蓝（Deep Blue）在与当时的国际象棋大师加里·卡斯帕罗夫（Garry Kasparov）的对阵中获胜。当时深蓝使用的并非深度学习，而是传统的启发式探索（Heuristic）。

据说，来自 MIT、被称为 AI 之父的马文·明斯基（Marvin Minsky）教授当时因深蓝的胜利而揶揄同为 MIT 教授的天才语言学家诺姆·乔姆斯基（Noam Chomsky）道："你看，AI 干得不错吧。"后者一脸严肃地回道："起重机举起了比举重冠军还重的杠铃，有什么值得惊讶的？"马文教授听了笑而折服。

▲ 如何有效运用"幼儿智能"

计算机自诞生以来，对于完成特定工作一直举重若轻。例如，在弹道计算或者解极难的方程式方面，它都能达到与硕士研究生同样的水平。

但是，计算机对于图像与文章的内容的理解就会很困难。对于如何让计算机完成如图 1-1 所示的"拿起杯子旁的铅笔放到杯子中"的动作，直到今日依然毫无头绪（如果对象是积木等特定形状的物体的话，通过暴力计算的方法是可以实现的）。

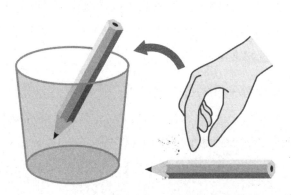

图 1-1 幼儿智能将倒在杯子旁的铅笔拿起来放进杯中

我们把解决上述问题的能力，称为"幼儿智能"。计算机在"幼儿智能"方面的任何进步，都会让 AI 研究人员极度喜悦。而对普通人而言，这些幼儿都能做到的事情根本不值一提。在这个意义上，专家与普通人的感觉有着天壤之别。

我之所以希望有志于 AI 应用的读者们，能坚信搭载了"幼儿智能"的幼儿级 AI 能够促进产业革命的发生，是因为日本人原本就擅长通过发挥儿童般丰富的感性认识来进行商业创新。而且，幼儿级 AI 的引入还具有只需要较少资源投入即可实现的优势。

要在成人级 AI 领域与跨国企业、国家竞争则实属不易。因为成人级 AI 需要用既有的 AI 手段对庞大的数据进行分析、运用，其竞争的关键在于，要保证巨量数据与计算容量，是一种物量的竞争。

以 GAFA[①] 为代表的巨型企业，构建了巨型搜索引擎和社交网络（SNS），还掌握了物流等巨量数据。中国也在国内培育了大型企业来提供相应的服务。欧洲国家则通过迅速地进行理论武装并快速立法来对抗此局面。而在日本，想要采取类似的措施基本无望。

⚒ 思考能够使用图像识别技术的商业领域

从积极的意义角度来看，为了能灵活地应用幼儿级 AI，拥有儿童般天真的想象力是非常有效的。我们应该对此深信不疑，并想象十几个实际工作中的"监控"，即观察行为能够产生高附加值的场景，也包括那些未实现的场景，例如：

---

① 谷歌（Google）、亚马逊（Amazon）、Facebook、苹果（Apple）四家美国科技业巨擘的名称首字母缩写。——译者注

1. 辨别食材和菜肴，为顾客选择合适的餐厅与美食；

2. 在驾驶过程中（包括自动驾驶）识别车外的物体；

3. 开发一个 App，告诉你用手机拍摄的各种动植物的名称；

4. 通过监控摄像头识别过往车辆的类型，并测量每种车型的通过量，以此推算该区域居民的年收入；

5. 找出照片中的地标（如东京铁塔）进行识别，并搜索知识库以明确照片场景所在位置；

6. 通过图片识别房产的房型、内部格局、装修风格，让客户能在线上更直观地进行选择；

7. 将品牌商标等设计稿与其他同类设计进行比对，判断是否有雷同；

8. 分析销售业绩良好店铺的商品陈列展示，判断其属于何种类型，并加以借鉴，给出成本低廉又能提升销售额的类似陈列方案；

9. 推测各个行业的商品型号与制造商；

10. 利用第 9 条功能，为产品设计选择不会与其他产品发生混淆的方案；

11. 从人脸图像中识别年龄、性别等基本属性（类似于微软公司的"我看上去多大了"）；

12. 对于忘记名字的人，在社交媒体里用其他相像的人物照片进行搜索；

13. 对水稻进行不间断地监测，第一时间察觉出任何病虫害危害的风险。

上列第 4 条是一个典型的机器替代人类的例子。识别统计成百上千的车型与规格对于人类而言，过于烦琐且难以承受，但如果能由 AI 代为完成，那么就能让获得能用于估算目标地区居民年收入的数据成为现实。

第 13 条是在无人机上安装高分辨率的相机，并将收集到的影像数据在云平台上用 AI 进行处理的例子。考虑到成本与效率，这样的工作显然不适合由人类完成。在此例中，利用 AI 未雨绸缪地采取预防病虫害的措施，能够产生稳定作物产量和质量的附加价值。如果 AI 真的能以人类达不到的质量水平完成各种视觉识别，那将使传统业务发生令人耳目一新的改变，成为巨大的价值创造源泉。

如果说纯粹依赖视觉的工作由人类完成会效率低下，那是因为一直以来没有替代方案，所以人类一直勉为其难地承担着这项工作。

大多数劳动者在 AI 时代能够从事专属人类的、富有创造性的和更具个性化的工作，并由此获得充实感与成就感，无疑是一件幸事。在此过程中，利用 AI 高质量地完成各种工作，由此创造巨大的、新的附加价值就不再是梦想。

▲　深度学习是"原始数据计算"

深度学习在"幼儿智能"中起到了核心作用。首先，我们需要了解深度学习的本质是什么？

大家也许对神经网络研究的历史有所了解，我在此处简单回顾一下。神经网络最早起源于模拟单个神经元功能的感知机。1980—1990 年这 10 年间，AI 迎来了第二次发展高潮，开始出现三层神经网络。我们知道，当模拟的细胞数量达到几十个后，计算量就会爆发性地增长。但以当时的硬件条件，计算机的运算能力根本无法达到此要求，所以 AI 并没有得到实际应用。

直到 2010 年，深度学习（多层神经网络）才出现，它可以利用多层过滤器将信息进行剪辑，自动提取目标数据的特征。深度学习由此实现了高精度的视觉、听觉，以及其他模式识别，神经网络终于达到了一个可以实际应用的阶段。

在这期间主要有三个因素促进了深度学习的发展。首先，研究人员锲而不舍地努力改进神经网络；其次，计算机的运算能力与内存容量的大幅增加；最后，大量样本数据的流通。其中的代表是 ImageNet，五万名用户在六年时间里，用 WordNet 的约 60 万种物体名称标注了 1400 万张照片。

从事神经网络研究多年，之后成为 Facebook 人工智能研究所所长的杨立昆（Yann LeCun）博士认为深度学习的最大特点是"端到端的计算"（end-to-end computing）。只要给予计算机大量训练数据（输入数据与输出数据的组合），即使中间的过程完全是一个黑箱，计算机也能够以非常高的精度"学习"到输入与输出数据间的对应关系（虽然还远远达不到人类的学习能力）。

图 1-2 是完成了学习过程后的猫种类识别程序——"猫辨识"

所呈现的各种猫的照片（左方为输入数据）与所属种类的名称（右方为输出数据）的关联图。

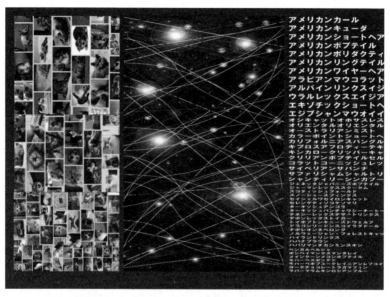

图 1-2　完成猫咪图像与猫咪种类对应关系学习的深度学习系统

资料来源：元数据公司。

除了杨立昆博士所说的"端到端的计算"的译法之外，我将其译为"原始数据计算"。因为尽管样本数据是由人工赋予的，但计算机可以利用大量的原始数据捕捉输入与输出数据间的对应关系。

杨立昆博士在某次接受采访时提道[①]：

- 关于深度学习，我非常不认同所谓"如同人类大脑一般"的

---

① 摘自《Facebook AI 技术总监 Yann LeCun 谈论深度学习的现状和未来前景》一文。

说法。深度学习要实现与大脑相当的功能还非常遥远，这样的说法实在夸大其词；

■ ……在接受一种新技术时，需要正确地理解其功能与局限。就深度学习而言，目前"监督式学习"在商业上的应用比较现实。

我认为以上说法很确切地彰显了对于新技术在商业应用层面应有的态度。无论是高度的视觉认知能力，还是图像识别能力，实现 AI 像人类一样能按常识自行判断的道路还很遥远。

从只能识别具体的物体，到目前能够识别图像表现千差万别的"婚礼""黄昏""风景照片"等抽象分类标签的 AI，的确值得称道。但是，如果让 AI 从一张包含两人的照片中，凭借对人物表情与姿势的分析，得出"其中一个为双方已经失去信任而感到绝望""另一个却仍抱有一丝希望"的结果，还需要经历漫长的发展道路才能实现。

▲ 通过三个数轴对 AI 进行分类

让我们把目前已经出现的 AI 以及将会出现在未来的 AI 用三根轴进行划分（见图 1-3）：第 1 轴，从辅助人类、扩展人类能力的"弱 AI"到与人类大脑相当的"强 AI"；第 2 轴，从"专用 AI"到"通用 AI"；第 3 轴，从"小规模知识、数据"到"大规模知识、数据"。

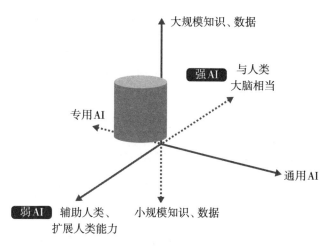

图 1-3　按三根轴分类的 AI

第 1 轴上的"强 AI"指的是对"与人类具有相同的行为能力和智能，并且与人类大脑有着相同思考机理"的 AI 的研究。而"弱 AI"则是一种"辅助人类、扩展人类能力"的工具，并不需要为此研究人类大脑的结构和功能。

第 2 轴上的"专用"和"通用"也可视为相对定义。相对于"只能下国际象棋的机器""除国际象棋之外还可以下将棋或围棋的机器"更接近通用的范畴。

然而 AI 研究中所指的"通用"却是另一种含义。判断的关键之一在于它是否具有可用于获取知识并灵活运用，从而创造新知识的原始知识。能够利用这些原始知识，在一定程度上应对从未发生过的新情况，并具有广泛的学习能力的 AI，我们才将之称为"通用 AI"。

让我们试着思考专用 AI（单一功能、狭义）和通用 AI（多功能、广义）之间的区别。能够识别任意图像中出现的物体名称的引擎，我们可以将其称为"通用"。然而，这种识别引擎也许对所有种类的花朵都只能简单地识别为"花"。而一个能够识别千百种花的名称的"专用"图像识别引擎，则可轻易地超越人类的能力。

要按其功能将数量繁多的专用 AI 进行有所区分的使用并不容易，因此业内正在研究能自动选择相应 AI 进行使用的方法。

一些 AI 研究人员对通用 AI（AGI）的研究方向也受到第 1 轴上的"强 AI"的影响，试图让 AI 从视觉和听觉的认知中衍生出人类的逻辑思维能力。他们并不准备使其和人类一样具有"忘记"或"撒谎"这些缺点，因此与其将这样的 AI 看作"强 AI"，不如将其看作"通用 AI"更合适。我们可以认为利用相对较少数量的通用工具，获得多样化智能的尝试方向即是 AGI。

显而易见，第 3 轴是有关知识与数据量的规模的。既存在知识量不大却能以高精度正确识别对象的 AI，也有通过运用大数据来发挥威力的 AI。

▲ 深度学习是如何提取特征的

让我们以猫种类识别程序——"猫辨识"为例，来了解深度学习机械地（不同于人类的有意识地观察）提取图像特征后与学习结果进行比对的过程。

该程序使用了卷积神经网络（Convolutional Neural Network,

CNN）。CNN 是一种典型的深度学习方法（架构），能够在图像识别应用中稳定地实现高精度结果输出，也被称为深度卷积网络。

卷积处理（Convolution）通过将相邻像素的数值（矢量像素）相乘归纳来降低维度，减少冗余信息。这样一来，RGB（红、绿、蓝）数值都相同或都为 0 的像素部分不会保留在结果中，相应部分的信息则会被压缩。

池化（Pooling）是将卷积处理后的有意义的数值（非零数值等）加以保留而舍弃其他数值的处理。例如，用过滤器在某个图像区域中以几个像素到几十个像素的范围取最大值，这样一来，即使在某个区域（邻域）中存在轮廓线（如猫耳朵）或边界线（即位置与样本图像有偏差）也不会影响处理的结果。

因此，某些关于 AI 的研究论文称深度学习擅长处理图像的平行移动。换言之，类似于"猫耳朵"之类的特征即使在图像中的位置发生偏移，只要猫的种类相同，CNN 就能够消除差异，正确识别。

在大幅省略图像信息时，为了消除因此产生的偏差，深度学习会用过滤器进行计算处理。例如，在提取边界线时，会使用一种过滤器，它能够在平面上的 x 轴和 y 轴的方向上通过两次微分（它是向量元素的微分，属于局部微分）获得密度的变化率。在人类完全不介入的机器计算过程中，会使用到很多类似的过滤器。

在深度学习中，过滤与信息的大幅压缩处理是其主要的特点。这个过程的原理与人类通过理解图片中形象的脸、眼、口、鼻等各个部位的构造进行认知的机理完全不同。

如图 1-4 所示，在输入图像（由 256 像素构成的四方形沙丘猫图像）右方箭头之后，是一个经过不同的过滤器之后输出的 32 种由 16 像素的正方形组成的图像。在这一层中的图块，有的明显保留了特征信息，有的则丢失了一部分信息。保留了特征的正方形将被自动输出到下一层。

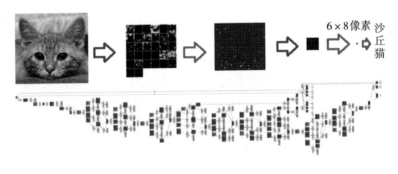

6×8像素 沙丘猫

图 1-4　卷积神经网络示例

资料来源：元数据公司。

图 1-4 的例子说明了深度学习自动进行各种过滤处理（压缩和省略），将包含特征的部分加以保留的机制。

上述说明的内容就是"非监督式学习"。这是一个单向过程，自动提取特征并加以传递，同时对信息进行大幅压缩。

深度学习在商业中应用的案例，更多的是"监督式学习"，它的机制也更复杂。在"监督式学习"过程中，需要将与图 1-4 右端的最终结果（6×8 像素的图像）对应的实物名称作为样本数据进行学习，并需要改变神经网络各层之间连接的权重，为此需要一种更为精密的机制。所幸，在第二次 AI 高潮时期诞生了作为上述机制的基础的"误差反向传播算法"。深度学习的基本思路，就是将以"误差反向传播算法"为代表的第二次 AI 高潮时期涌现的创意进行发展的结果。

在以往的三层神经网络中，要实现许多节点间的学习，就需要完成指数级别的巨量运算，因而很受限制。与此相对，在深度学习中虽然层数增多，但通过大量削减信息，实际计算量反而减少了。

在第二次 AI 高潮过去后的"寒冬时期"里，神经网络的研究人员通过脚踏实地地不懈努力，解决了许多问题。例如，当使用多层神经网络时，可能会因自由度太高导致学习效果不佳，一直无法提升精度。其中的原因之一就是难以设置初始值。作为解决方案，一种名为"自动编码器"的创意诞生了。它在具有相同输入 / 输出的三层网络上学习，并且预先获得了一组与该类数据的特征类似的耦合权重。

在大多数情况下，通过在自动编码器中自动配置适当权重的初始值，学习过程会成功地收敛，并能获得恰到好处的通用性（对于新的输入数据，能够对照用于学习的已知数据比较准确地加以识别和分类）。

▲　"模式识别"：AI 的眼睛和耳朵

深度学习擅长的"模式识别"或"识别、分类"的机理，与人类日常有意识地进行的"学习"或"思考"不同。或者说，这是所有具有耳朵与眼睛的动物都拥有的能力。这种用于躲避危险的能力并非人类独有。因为在自然界，动物为了在瞬间判断自己的处境并适时选择逃跑来躲避危险，需要迅速完成识别对象的过程。

在深度学习中，输入的原始数据如果以像素和字符计算，其计算量会非常巨大。但是，如果只是"猫尾巴"的识别结果（也许有人会称此为"对画像意义理解后的结果"），那仅是由一个单字符"猫"和作为它的一部分的"尾巴"的记号组成，转换后的信息量（字节）极少。

据称，人类像这样进行"识别"或"理解"时，大脑会使用记录着各种图像特征的数据库以及用来存储相应概念的词典。此外，对于特征与猫尾巴相似的其他物体，人类大脑会对照过往经历的场景与经验，将其作为例外进行处理。

30多年前，在工业领域，模式识别就已经在某种程度上得到了实际应用。其中一个著名的实例是由 NEC 公司最早研究、如今已被世界各国警方使用的指纹验证系统。在犯罪现场等发现的指纹，瞬间就可以与存储在主计算机数据库中的数千万人的双手（或双脚）进行比对。这是首次将人类无法具有的超高速大数据处理能力加以实用的案例，可以称得上是一种很强大的"弱 AI"。

还有一种并不出名、却在数十年前就已被应用的模式识别系统被称为"视频传感器"。这是一个在工厂中应用、能够替代人工识别药品片剂形状，检测其是否符合规格的系统。

第 1 章 当今 AI 的功能与局限

在语音识别和字符识别领域，曾就职于 NEC 研究所、后成为九州大学教授的迫江博昭博士发明了一种叫作"DP 匹配"的方法。它能够吸收数据自模板（如字典中的单词语音信息和字符图像等）"变形"（声音的膨胀收缩以及图像扭曲等）后产生的差异，因此即使计算能力较弱的计算机也能实现模式识别。这种技术在邮局的声音识别设备、手写文字识别系统中得到了广泛的应用。

这些模式识别系统是否属于 AI 的一种呢？由于专家们对 AI 本身的定义尚不清晰，因此我个人把模式识别作为与 AI 相关的领域看待。毕竟，它与人类理解事物意义上的"学习"以及能够对事物进行理论思考的思维能力、感情能力、语言能力为基础的对话能力并不相同。

尽管模式识别本身在很久以前就已经得以应用，但大多数都只实现了特定的单一功能，就如同刚才介绍的指纹识别、药剂形状识别、手写数字（邮政编码等）识别等。即使有与掌管人类理解、思考、感情、行动能力的大脑同等能力的"通用 AI"能够诞生，如果模式识别的部分只能承担特定单一功能的话，这种"通用 AI"也很难具有真正的通用性。

当前，人形机器人已经在市场中出现，我感觉对高度通用性的模式识别的需求正日益增长。在这种情况下，我觉得仍有必要在明确使用场景的基础上，甄别识别对象（图像或声音等）和判断精度要求。

在所谓"半监督式学习"的过程中，不在学习对象分类（事物

19

的名称等）中的图像（如在产品的外观检测中发现的含有某些缺陷的产品图像），因其不属于任何一种已知分类的可能性很大，所以很容易被检测出来。但即使这种检测方法有时很有效，我们也很难认为半监督式学习系统具有通用的模式识别能力，同时它也很难预估设想范围以外的输入图像的识别精度。

模式识别的能力尚有进化、发展的余地。目前的模式识别水平，离能够模仿人类的多种能力并在商业领域实现广泛的应用，还有相当长的距离。

要实现上述目标，就要努力开发普通人不擅长的专业的图像识别（识别所有病害虫的图像等）和声音识别（分辨 1000 种引擎音异响等）能力，并保持致力于用模式识别技术提高生产效率（降低成本）和服务水平，提升供应商与用户双方的幸福感的态度。

我认为，培养不受旧常识的束缚、能针对模式识别应用创意不断推陈出新的人才，才是决定日本产业竞争力的重要举措。

▲ 使用深度学习的机器翻译能够获得压倒性胜利的原因

深度学习的冲击不只局限于图像识别和语音识别，最典型的例子当属谷歌翻译。

谷歌翻译的精度在 2016 年 11 月上旬突然大幅提升，其背后的驱动力是全面引入了深度学习，同时谷歌公司发挥自身特长，收集了大量语言数据。

谷歌翻译采用的能把握单词前后关系与顺序的 "递归神经网

络"（RNN），与能够吸收短语长度差异、善于识别核心词汇的"长
/ 短词组记忆"（LSTM），是 2015 年到 2016 年间迅速被广泛应用的
深度学习技术。基于深度学习的机器翻译也被称为神经机器翻译。

由于我曾从事过机器翻译系统的研究和开发，所以我也不得不
惊叹于神经机器翻译的精度，这是类似于哥伦布发现新大陆一般的
成果。用巨量的数据进行机器学习来实现原文与译文的精准配对，
最适合用于降低译文精度的不稳定。

传统的机器翻译采用了堆叠方法，类似于将以下各种模块加以
组合进行翻译的方法：

- 断句；
- 识别单词的词性；
- 识别句子的结构（语法分析）；
- 识别语义结构；
- 通过分析上下文缩小语句中存在歧义的范围；
- 将语句构造加以变换以符合目标语言；
- 生成目标语言的语法结构；
- 按语法结构排列单词；
- 选择相同含义但表达更为自然的词语进行搭配；
- 按语法进行词尾变换等调整单词形态。

假设每个模块的准确度平均达到 90% 的高水平，10 个模块串
联层叠后，精度将下降到 34.9%。这样的准确度根本无法让人读通
全文。

与此相对应的是，神经机器翻译则通过以短句为单位的大量译文的学习，在大多数情况下，即使语句的意思存在微妙差异，译文整体依然能够保持自然通顺。特别是对于解决"怎样组合更为自然"的词语搭配（语句的联结）这类无法用严密的逻辑进行定义的问题，经过巨量实例学习的神经机器翻译有着压倒性的优势。

神经机器翻译的引擎并非如人类般在理解原文的意义之后再进行翻译。事实上，从事同声传译工作的专业翻译也好，为了迅速找到合适译文而一边翻阅《英辞郎》[①]一边翻译的人也好，很难说他们的翻译就一定完全理解了发言人的意图和原文的深层含义。

如果把单词的排序和语法结构比喻为传达语境和句子整体含义的容器，那么使用能准确地把容器的构造与部件变换为译文的"一气呵成"的方法来完成翻译任务，无疑是最佳选择。

人类在成长过程中自然地获得对母语的运用能力，但除非他们接受课程或者特殊训练，否则很难获得翻译能力。因此，翻译用的 AI 并不属于以复制人类所有技能和特性为目的的"强 AI"的范畴。同时，也不能列入与"通用 AI"直接有关的研究范围，因为用作翻译的 AI 并不能直接用于归纳文章要点或者理解视频内容。

对人类而言，如果能掌握日语、韩语、汉语、英语、法语、德语、西班牙语、俄语、意大利语、葡萄牙语这 10 种语言，那么只要花时间练习，就能完成这些语言的互译。因为只要理解了原文的

---

① 日本英语电子词典。把 100 万个单词收录在 CD-ROM 中，号称世界最高级别的"囊括一切的英语词典"。——译者注

意思，就能用其他语言来进行表达。

目前，在神经机器翻译中，为了实现大量原文、译文互译的机器学习，需要准备 100 个词语配对，这也是神经机器翻译的弱点。但是，谷歌翻译已经能够应对 103 种语言，估计是将接近英语的某种语言作为中间语言来完成各种语言之间的互译。因此，它的机制应该并不纯粹依靠 10 609 套原文、译文互译的大数据。

常规来说，翻译的精度应该因原文、译文互译而有所变化，但是我在使用谷歌翻译后发现，英语和汉语间的互译精度极高（可能因为语法相似），而英语和日语之间的互译则达不到同样的水准。估计是因为机器学习的数量、评测和反馈方面所花费的力度不同所致。让我们回到双语互译，如日语和英语互译的话题。

语句的组合数不胜数，多到任何人都可能创造出史无前例的语句。因此，将所有语句组合都一一互译制成译文库，对照其进行翻译的系统无论过去还是现在都不可能存在。而每个单词的用法多种多样，可以有许多种含义，与其对应的译文也有许多。例如，英语单词"break（损坏）"在谷歌翻译中的日语译文为"ブレーク"，只是将其发音用日语字母表示出来了。但同时列举了该英语单词的名词用法和动词用法各 5 种，与此相对的日语译文则有动词 18 种、名词 13 种。

其中，意为"过于紧张或者压力太大而导致精神崩溃"的英文"break under the pressure"是人工翻译时经常使用的短语，记载在《英辞郎（第 9 版）》中。

像上述这样将两三个单词进行组合后，每个单词在组合中所表达的含义与短语整体的意思就大致确定了。翻译的时候，只要以适当的密度比照原文、译文配对词库就可以通过上下文确定语句的意思（有时在谚语、成语中，词语的意思会与通常的意思完全不同）。如此一来，组织译文时就能够选择更为自然的语句。

在英语中，短语由一个名词和一个动词组合而成。而日语中，短语由动宾关系的两个语素构成。通过识别这样的短语结构，就可以确定上下文关系，在大多数情况下还能明确一个语句的含义。对翻译而言，以短语为单位进行分析比较合适；反之，相比短语，要确定单个单词的含义非常困难。

在谷歌翻译中，"break under the pressure"被译成"在压力下破裂"。与单独翻译单词"break"时相比，译文数量急剧减少，break在语句中的含义也变得十分确定。同时，译文巧妙地回避了压力属于心理性还是物理性的问题。

从当今运用大数据进行 AI 研究开发的角度来看，数万句程度的译文数据只能算作小数据。谷歌和 Facebook 每日收集的语言数据以亿为单位都不止。但是，其中大部分都是单一语言数据，相较而言，译文数据要少几个数量级，而且制作成本相当高。例如，把报道同一事件的新闻收集在一起，将其中的日期、专有名词等与5W1H[①]有关的语句互相对照，推断原文与译文间的关联。通过这种

---

① 5W1H：WWWWWH 分析法，也叫六何分析法，是一种思考方法，也可以说是一种创造技法。

被称为"对比"（alignment）的工作，可以推断出表示相同内容的短语所在的位置。在不定型的文本翻译中，类似这样高效廉价、半自动地生成大量用于机器学习的样本数据是基本技巧。

通过采用这样的方法，基于深度学习的神经网络自然语言翻译技术不断发展，已确实能够掌握"单词这样排列就代表那样的意思"这一模式了。其过程并非先理解语句的构造和含义，然后判断（以大脑的信息处理机制为标准）用何种方式表达，最后将译文排列输出。可以说神经网络机器翻译的过程，就是不断重复按原文选择译文排练这一模式。

采用以语法规则和统计学法为标准的自然语言处理方式得到的翻译结果常常不够自然。但因为其使用"中间语言"，因此尽管译文比较粗糙，但基本能够表达出原文大致的意思。这是一种把许多概念结合起来，而概念之间又用意思关系（动宾关系等）结合起来的树杈构造，也叫作概念依存构造。

这种使用中间语言方式的优点是在实现多语言间互译时的成本低廉。如果要增加新语言，只要在新语言与中间语言之间增加翻译模块即可。如果语言数量是 N 的话，只要 O（N）[1]，即只需要与 N 成比例的开发成本即可。

与此相对应的是，神经网络机器翻译需要制作原文、译文对照数据进行机器学习，理论上需要 O（N²）[2]，即需要准备与 N 平方

---

[1]　读作 order N。

[2]　读作 order N 平方。

成比例的对译大数据用于学习，其成本极高。据称，地球上的语言种类有 4000 ～ 7000 种，假设有 7000 种语言的话，就需要制作 7000^2，即约 5000 万套原文、译文对照数据，这样的工作量足以让人晕厥。

谷歌翻译对应 103 种语言，照理说需要 10 609 套原文、译文对照数据，但这应该不太现实。谷歌公司有可能在使用大数据进行端到端的机器学习的同时，用英语作为中间语言，将其与多种语言的原文、译文对照数据一次性学习来发挥传统自然语言处理的长处。

▲ "强 AI"的出现至少要到 22 世纪吗

让我们讨论一下有关奇点的话题。一提到与人类同等意识的人工生命体，首先浮现在我脑海中的就是《星际迷航：下一代》的主角之——数据少校。

数据少校具有每秒钟数百亿次的计算能力；具有好奇心、创造力和解决未知问题的能力；具有远超人类的腕力、肌肉力量和耐力，可以完成超人的工作；和人类在同样的士官学校毕业成为少校，对下属有着绝对的权威。

数据少校自身并不具有情感，因此说话时不容易察觉对方流露的情感（只能凭逻辑进行推断）。他也无法完全具有人类的所有能力，例如，即使能说漂亮的英语，也不会用"I will"的略语"I'll"，同样也不能理解、使用如比喻、成语和幽默等有效交流方式。

他虽然不具有情感，但好奇心旺盛，总是希望帮助别人。因为从不掩饰自己那些可爱的缺点，所以很受周围人的喜爱。在最开始时，他对上级莱卡中校表示，即使以失去超高速的思考能力与记忆能力为代价，也希望能够像真正的人类一样，有些口吃，能够谈恋爱，甚至有时会害羞。一直对人工生命体抱有警戒心理的莱卡中校听了他的话，轻松地笑道："欢迎加入企业号，匹诺曹先生。"

匹诺曹是一个希望成为真正的人类却不能如愿的人工生命体的象征。数据少校被设定为在 24 世纪奇迹般出现在银河系地球附近空间（被称为 α-quadrant，因此估计有四分之一银河系大小）的唯一一个具有自我意识的人工生命体。如今看来，这样的设定与台词极其出色，几乎让人不敢相信这是 1987—1988 年间的电影。

奇点的定义多种多样，如果将其定义为一个所有方面的能力都超越人类、能够复制的人工生命体或者 AI 的诞生，那么就要等待像数据少校这样的人工生命体的出现。

探索包括神经生理学在内的人脑机制的自然科学正在大力发展中。但是，要揭开人类意识和好奇心的奥秘，可能仍然需要很长时间。

正常情况下应该线性发展的研究进程，因为不断的量变积累、天才式的创意和幸运的实验（意外的失误）等，突然获得断层式、飞跃性的进步。许多研究都经历过这样的过程，比如最近的 IPS 细胞研究。

创造人工生命体的关键，即对人类心灵奥秘的探究，也同样存在意外地获得巨大进展的可能性，但目前尚无法估计其实现的具体时间。就我个人而言，24 世纪自不必说，AI 在大约 22 世纪应该能够实现的说法是可以接受的。

有人认为不需要那么长时间，他们称奇点在 2045 年就会到来。这样的看法，恐怕是因为觉得 AI 能够在发展过程中自我学习完善，因此 AI 的科学知识积累会在人类历史上首次以指数级的速度增长。这样一来，只需要很短的时间，和数据少校一样的人工生命体就会诞生。

然而，这样的想法与电影《终结者》的设定毫无区别。在影片中，天网作为地球上唯一的云端 AI，某天突然具有了自我意识，并开始以指数级的速度进化。即使有正义与邪恶之分，但无论是奇点论，还是《终结者》，在认为人类会无法控制 AI 自身的进化这点上有着共同点。

我觉得这样的设想并不现实。原因是我认为宣扬奇点论的人并没有正确理解指数函数的真实情况。观察他们描绘的指数函数图，至多只到达三次函数的程度，而对于指数函数所呈现出的瞬间发生爆发性变化的本性，其实他们并没有真正理解。

▲ 指数函数的恐怖

关于在瞬间爆发的象征性事物，最典型的例子是核弹和传销。前者以毫秒为单位，后者则需要几周时间。速度虽有差别，但每过一定间隔（每秒、每小时、每天……），变化对象的数量就会上升几个级别的特性是相同的。

在核裂变的连锁反应中，中子以大约每秒 1 万公里的速度撞击数厘米范围内的其他铀原子核和钚核，并在瞬间被可以分裂的原子核吞噬。

这个过程用指数函数来描述的话，曲线会呈垂直上升的态势（图 1-5）。如果有人认为看起来像是二次曲线、三次曲线，那就要改变一下自己的想法了。量的变化速度呈垂直上升的态势，从开始到完成只在刹那间，这就是指数级的进化。至今在人类技术发展的历史中，除了知识量的积累，长期维持着指数级增长的只有半导体的集成度，以及依靠其进化得到巨大提升的计算机性能。戈登·摩尔是英特尔的创始人之一，他在 1965 年的论文中发表了"半导体集成度每 18 个月就翻一番"的摩尔定律，成为半导体行业的经验准则。它本身就是一个指数函数的定义。

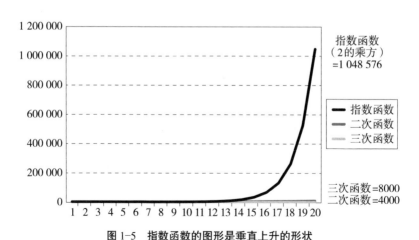

图 1-5　指数函数的图形是垂直上升的形状

硬盘的每价格单位的容量也呈指数级增长，直到其主要生产基地所在的泰国发生洪水灾害。目前看起来暂时处于停滞不前的状态。另一方面，源于半导体印刷的曝光技术的发展而诞生的摩尔定律依然没有失效的迹象。但是，如果以原子级别来观察的话，可以明显发现半导体行业的摩尔定律式发展已近尾声，并已接近"资源耗尽"的地步。

半个多世纪以来，每过 5 到 10 年，超级计算机的性能就会增长 10 倍，这样伟大的历史除了依靠半导体自身的进化之外，也源自研究人员对其机理与架构的钻研和各种努力的积累。可见指数级增长需要投入大量不同性质的资源。近年来，中国在超级计算机领域占据靠前的世界排名，这也应该是投入大量资源产生的效果。

就此意义而言，我感觉每过几年计算机性能就提升 1000 倍的趋势会消退。当然，人类伟大的思考能力，始终是历史上科学进步获得断崖式增长的原动力，只要持续思考探索，加之利用量子计算机等高科技工具，历史将会不断实现突破。

▲ 知识量的增加至多是二次曲线级

在传销过程中无论发展了多少下家，或者噩运邮件无论被传递给了多少人，连锁都必然有终结的时候。指数级的增长同样也会在所有资源耗尽的瞬间终结。反之，如果一个问题的求解过程，理论上需要的计算量与输入数据量的指数函数成正比的话，那么无论使用性能多高的超级计算机都解决不了，只有未来的量子计算机能担此重任。

宣称 2045 年 AI 具有的知识量将超越全体人类的知识总量（这个定义本身并不清晰）、AI 的智慧将超越人类这一类模糊说法的奇点论者，很虔诚地相信这样一个结论：一旦奇点到来，过去人类在 100 年里只能经历两三次的大规模技术革命在一秒钟内就会发生 100 万次，而且这个数字每年都会增长 100 倍。

假设这样的情景会实现，那么知识量就需要以指数级别增长。但是，这里的所谓"技术革命"（同样也是经济学用语）如果只是普通意义上的定义的话，那这样的预言终究无法让人相信。

雷·盖茨华尔是谷歌公司创始人之一谢尔盖·布林的私人顾问，他每月都会访问谷歌。他曾经提道："二次曲线、三次曲线与指数函数的差异并不为人所知。"

图 1-5 中所示的指数函数图中曲线的右方几乎呈垂直上升。传统的知识积累是在大量的数据中发现规则（归纳），总结为一个公式或者一个假设实验去进行验证。这样的过程会自动增长，在瞬间达到几乎无限吗？

对于在各个领域中存在的规则是否互相无限接近，存在一个很大的疑问。至少物理学会将复杂化的知识进行整理，并将其归纳总结为一些简单的基本原则。

雷·库兹韦尔所提倡的收益加速法则中技术的加速度发展，可以通过技术人员数量的增加以及圈内互相之间的交流增强而随时发生。即使如此，知识量的增加至多也只会是二次函数级。

令人怀疑的是，即使是二次曲线加速度演变，其速度能否永久持续也是个问题。因为学术领域必然会存在知识的推陈出新，总量不会有增无减。而且要想让知识量呈指数级增长，就得保证能无限量地提供工程师，如果做不到的话，资源立刻就会耗尽，增长就会停止。

所以，相信奇点论的人恐怕是把能够替代人类工程师的、没有重量也没有体积的"工程师 AI"作为能够无限增长的资源来考虑了。

我无法断言能够自行发展科学技术的 AI 不可能出现，但是至少要到 22 世纪才有可能，这是我的感觉。

ARTIFICIAL INTELLIGENCE

强 AI、通用 AI（AGI）的研究是一门科学吗

AI 属于理学范畴（科学）还是工学范畴（工程学）？大家是怎么考虑的呢？

我毕业于工程学院，但取得了属于理学的博士学位。我在引言中曾提到过，现在的 AI 都是辅助性工具，而我认为工具的制作方法和使用方法的研究都属于工学范畴。

另一方面，也有人提倡通过 AI 的研究开发，探索人类的科学奥秘，以最终创造出拥有与人类同等能力的机器为目的。这样的 AI 也被称为"强 AI"。如果把这个过程理解为通过合成（创建）进行分析（解析），那么这种 AI 研究作为理解人类的特性与能力，以及探究其原理的快捷手段，也可以视为

一种科学。

曾经执着于研究"强 AI"的 AI 之父马文·明斯基博士曾在 1994 年表示，自己要创造的是"强 AI"，因此转而研究人类的心理和感情。

在无聊的日子里，我们也许会看着电视里的足球比赛，一整天都在时不时地打着哈欠。小睡一会儿后又突然精神大作，大喊"创作的欲望回来了"，自发地又开始工作。

AGI 的主流派不会考虑模仿这一类好像是人类缺陷的特性，因此其研究方向与强 AI 并不同。

旨在与人类无限接近的强 AI 与富有某些通用性与应用能力的 AGI，其各自的定义并不相同。AGI 其实并不一定需要以人类为样本。但是，人类具有高度的广泛通用性的智力与潜力，并且除了人类，对 AGI 的研究而言也没有更好的样本。因此，目前强 AI 与 AGI 的研究有互相重叠的部分，并共同发展。

尽管如此，AGI 并不一定要与人类相似。AGI 有一些面向未来的研究，旨在使其保留相对人类而言几乎无尽的记忆能力和比人类快几个数量级的计算速度，同时具有人类应对事物的灵活性。上文中提到的《星际迷航》中的数据少校，就被设定为这样的角色。这个角色给了 AI 研究人员灵感，并针对思考 AI 研究方向给予了启示。

具有数据少校所不具有的人类特性的代表，正是马文·明斯基博士所描述的强 AI。如上文所述，人类在无聊时会设法改变心情，然后灵感乍现。这听起来不可思议，其实源自人类具有在潜意识中长时间思考来获得灵感的能力，对此，就连数据少校也只能自叹不如。

如今，与已经得到应用的 AI 不同，能够对尚未学习的事物进行类比，从而进行判断、行动的通用 AI（AGI）的研究日益盛行。对于 AGI，人们期待它能通过语言和图像理解世界的结构与概念，能够无需指令就能按照社会常识进行判断，行动也能够不拘泥于最初的设计。

这样的 AGI，虽说不至于像《反复无常的机器人》（星新一的短篇小说）那样为了防止人类变得懒惰、堕落，有意识地进行叛乱，但作为工具也许很难使用。因此，在工作与生活的场景中使用时必须要慎重。

▲ 充分运用深度学习的必要性

可以肯定地说，AGI 与各种奇点无法通过目前已应用的深度学习技术的延伸而产生。无论是对于人类理论性思考的模拟，还是尝试让计算机通过输入文本理解描写真实世界的文章，都需要对以抽取基本特征为核心能力的深度学习赋予其他完全不同的技术才能实现。

与提取特征量的数学优化和统计分析一样，可以认为被赋予的新技术要素才是真正的主角。也有一种被称为迁移学习的技术，能将通过深度学习的手法获得的学习成果用于其他目的，但它并不具有通用性。

另一方面，对于这些作为工具已经很成熟的深度学习技术（如专业图像识别、专业声学识别、归纳数字大数据的规律、在生产线上模仿熟练工技艺等），我们应该充分发挥其价值。如果能借助其力量提升生产效率，提高收入，并使工作变得更有趣，那么人类社会整体的幸福度都会因此而得以提升。

在此，让我们来总结一下在实际业务中应用深度学习技术时，我们需要了解的特点。

- 无须编程，但需要输入大量样本数据进行"学习"：
  - 完全自动提取特征，对未知数据进行识别、分类、生成；
  - 对于 1000 个普通图像的识别率为 97.4%，超出人类的识别精度（2015 年 12 月）；
  - 虽然学习机制与人类不同，但它可以成为一个很好的工具。
- 通过反向传播自动学习流程中的重点并保持精度是很困难的：
  - 原始数据计算（端到端计算）；
  - 需要针对输出结果输入大量与样本数据的对应关系来逐渐提升精度；
  - 从根本上不同于传统三元运算符（If-Then-Else）程序以及数学公式；
  - 能够自己掌握用逻辑和语言无法说明的特征、条件与规则；
  - 相反地，掌握的过程是一个黑盒子，无法知道其判断的逻辑。
- 精度在很大程度上取决于数据的数量和质量：
  - 在进行与实际运用同等程度的实验之前，无法判断其实用性；
  - 难以进行成功或失败、改进或倒退的原因分析，因此需要增加的投资、维护的预算很难明确；

□ 供应商和用户之间的责任界限容易模糊：

a. 不能向 IT 供应商披露机密数据的用户企业，即使作为购买方也要承担精度责任；

b. 在提供已经完成学习的深度学习系统时，如果系统具有追加学习的功能，那么这种系统的提供实质上就变成了技术的转移，其价值很难评估。

在追求深度学习应用的同时，系统部署过程中的问题也逐渐露出端倪，包括如何促使 IT 工作人员改变传统思维、如何对他们进行培训、如何在系统部署前对其精度提升进行预估，并反映在业务规划与预算编制中等。

▲ 深度学习与其他方式的结合也很有价值

机器学习的方式除了深度学习之外还有其他许多种类。在图像识别和自然语言处理方面颇有建树的支持向量机（SVM），作为在确定被分类对象的数值向量表现方面性能稳定的分类器，有时会与深度学习结合使用。

机器学习大致分为监督式学习和非监督式学习，以及将这两种模式混合使用的半监督式学习，还包括独立于这些模式的迁移学习和强化学习（Reinforcement Learning）。

迁移学习如前所述，是一种将对大数据进行机器学习后的结果用于其他目的的方法。对于深度学习的学习结果，迁移学习在继承初始值和分类结果的同时，会对其进行修正和更改，用少量数据进行学习以用于其他目的。使用迁移学习能够在较短时间内，以较低的成本部署 AI 系统，对于许多行业都极具价值，是一项非常重要的举措。

强化学习并非对输入 / 输出的监督信号做出反应，而是通过对几个动作（包括其他机器学习的判断结果）的结果给予奖赏而逐渐改进的一系列动作。实际上，每一个动作的有效程度虽然不明确，但强化学习通过一系列动作达成目的时给予的奖赏来对各个动作进行评价反馈。强化学习对于复杂的控制装置和制造设备的最优化，特别是在替代一直以来都需要由人工操作的机器设备方面被寄予了厚望。

这几种机器学习方式及其可组合的关系如图 1-6 所示。它们之间只有类型的差异，并没有相对优劣之分。

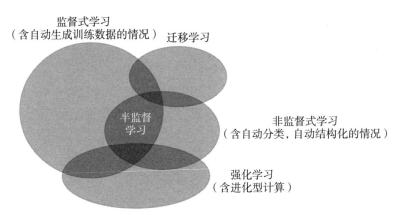

图 1-6　目前备受关注的机器学习方式

我们应该基于各种机器学习的特点，思考如何发挥智慧，收集和整理数据，选择合适的机器学习方式。在此基础上使用深度学习技术，就能通过反复实验来发挥深度学习的优势，逐渐将 AI 变成对各行各业而言具有实用价值的工具。

在这个过程中，也许会有许多困难。然而，AI 应用的落地能带来生产力、服务水平的提升以及各种服务对象范围的扩大，相对投资产出更大。预计在 2030 年，日益严峻的劳动力不足的问题也会因此得到一定的缓解。

C HAPTER 2

第 2 章

使用深度学习的基本流程

- 在精度评估中使用精确率和召回率这两个指标;
- 精度评估的实验并不难;
- 准备良好的样本数据是保证质量的关键。

本章将会说明 AI 在商业应用中的基本流程，特别是对有关精度目标的设置会进行详细解说，因为它对 AI 部署的成本与效果影响很大。

这里提到的精度大致有精确率（系统识别结果正确的比率）与召回率（系统识别正确的样本的覆盖率）两个指标。除了评测精度之外，对于错误识别的案例的分析和措施同样重要。例如，在图像识别时，将应该识别为"此"（如癌细胞）的样本识别为"彼"（正常细胞）的案例。

根据错误识别发生的频次（比例），需要将发生错误识别的模式进行分类，对各个识别错误模式进行业务流程的分歧处理。我们要认识到，精度评测与识别错误内容、倾向的分析非常重要，它对 AI 部署后的业务流程的影响极大。

在以下篇幅中，我不会站在从外部观察 AI 应用的第三方立场来进行说明，而会以一个承担数字结果责任的现场当事人的立场来解说。我会以一个负责 AI 的工作人员的心态，着眼于如何保证 AI 部署的成功来进行解说。

⅄ 在 AI 应用中不可或缺的目标设定

如果要开发图像、声音、文本识别 / 分类系统，用传统的方法就需要由人对目标数据（图像、声音、文本等）进行分析建模，并编程实现。解析的步骤和识别、分类的标准也需要由人来定夺。

如果应用深度学习，这些工作就不需要了，这在第 1 章中已有说明。但是要让深度学习系统能自动提取特征，制作大量高品质的样本数据是关键所在，这也是占据大部分开发成本和时间的主要工作。可以说，在深度学习的系统开发中，传统的系统开发的设计与编程的工程，变成了数据收集以及被称为数据标注的样本制作工程。

换言之，以前的系统开发难在算法、建模，而如今的 AI 则需要基于人类的感觉与直觉、经验与法则，在制作样本数据方面下功夫。

即便如此，使用深度学习的 AI 系统依然具有远超传统系统的精度，也已经到了实用化的阶段。就此意义而言，对制作高效率、高品质的样本数据方法论的追求，对于事业成功而言具有极高的经济合理性。

无论是传统的系统开发方法，还是新兴的深度学习，要事先预知系统部署后实际运营中的数据精度都非常困难。但也不能因此就认为"如果不能设置数字目标的话就毫无意义，因此即使别的公司都在使用 AI 系统，自己的公司也不必徒劳地去尝试"。这样过早下定论反而容易丧失增强核心竞争力的机会。

为了评价成败，无论是技术研发还是经营事业，都需要设定数字目标进行判断和评估。在识别手写文字领域时常看到"识别精度达到 99%"的报道，但是有关未来的预测以及技术发展的规划中却很少使用明确的数字目标。投资家或者事业资助人在评估商业计划时，也大多重视方案说明人的气势和给人的印象，以及方案内容是否深入人心。对于那些诚实地、较真地追究精度目标和数字背后意义的方案却不太中意。

那么所谓"精度达到 99%"到底有何意义？在业务流程中活用能达到这样精度的系统是否就具有足够的经济合理性？在部署 AI 系统用于商业目的时，对于这些问题需要冷静思考。

▲ 分享评测数据使其可以共用

多年来，我见过许多与计算机信息相关的各种研究方向的最新成果，从这些经验中我发现，不注重精度评估的研究（如当作娱乐的研究）会逐渐衰退。因为它无法判断是否有所改善，理所当然不会有进步。

当然，有些研究的评估非常困难。例如，用人类的感观和主观判断品质（如画质），或者保持同等品质下增加压缩率等研究就是如此。

在这些研究领域中，主观评测与感官评测非常重要，有时评测会很困难。即使压缩率比其他人高出许多（能压缩为容量更小的数据），如果画质大幅劣化也毫无意义。有时研究人员只主张自己的图像压缩方式压缩率高、画质好，却对他人的研究成果并不认同。

在深度学习的应用中，这样的主观和感官评测同样需要，所以可能会产生同样的问题。

　　为了解决这些问题，需要客观的互相比较评测，并交换建设性意见，有必要使相同的评测数据能够共用。

　　在图像压缩的研究领域，多年来一直使用同一女性的照片作为比较精度的标准图像（图 2-1）。每次我看到这些照片，总会对能够几十年真诚地坚持研究的前辈们感到由衷的钦佩。

图 2-1　用于比较精度的标准图像示例

资料来源：图像处理研究人员共享图像数据库 SIDBA（Standard Image Data-BAse）。

　　要判断这些用不同方法压缩的图像哪个画质更好，哪个最接近压缩前的源画像并非易事。研究人员为了克服这样的困难，将评测的方式进行了统一。他 / 她们的努力实在令人钦佩。

　　普通人可能并不知晓 JPEG 格式被制定的经过。但如果想甄别以深度学习为代表且优秀的 IT 技术并为用户提供建议和支持，则有必要怀着敬意努力做到温故知新。在统一评测标准的基础上，公开用于评测的标准图像，这种做法更有益于技术的发展和进步。

在 AI 世界里，也存在可供研究人员共同使用的标准化数据。比如，以英语词典 WordNet[①] 为基础构建的 ImageNet。

在 ImageNet 中，5 万人在 6 年的时间里，对约 1400 万张图像进行了标注（照片中物体的名称）。这些标注后的图像作为用于深度学习的学习样本数据库，成为全人类共同的财产。用一定比例将标注后的图像切分出来，就可以作为评测用的标杆数据。

2010 年以后，作为图像识别、分类竞赛象征的 ImageNet Large Scale Visual Recognition Competition（ILSVRC），举办了一项从 ImageNet 中选出 1000 个物体的图像、由 AI 进行识别、分类的精度竞赛。参赛队伍来自全球，比赛中参赛 AI 识别的精度每年都会有惊人的增长。

最近，比赛中 AI 的平均识别精度已经超越了人类（见图 2-2）。毕竟，人类的识别能力也并非完美，如人类有时会混淆狐狸和猫。

▲ 作为精度指标的"精确率"和"召回率"

精度作为评价指标，能帮助技术健康地发展，它包括"精确率"（Precision）和"召回率"（Recall）。下面让我们来详细看下具体内容。

---

① WordNet 是由普林斯顿大学的心理学家、语言学家和计算机工程师联合设计的一种基于认知语言学的英语词典。——译者注

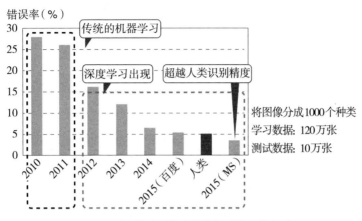

图 2-2　对于静态图像中物体识别精度的变迁

它们的定义非常明确（见图 2-3）。精确率是系统输出的所有结果（S）中，正确（例如，对猫的图像进行识别时，输出结果为"猫"）的结果（H）所占的比例（H/S）。从狭义上说，精度指的就是精确率。与此相对，召回率是对于所有正确结果（A），系统输出的正确结果（H）的覆盖率（H/A）。

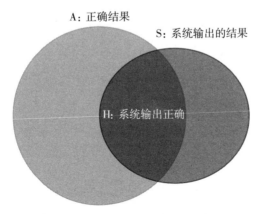

图 2-3　精确率和召回率

H 是系统输出的结果（S）中准确的部分。当然，H 包含在正确结果（A）中。所以，两者是包含与被包含的关系。

精确率是显示系统认为正确的提取结果中，混有多少错误结果的指标。可以将其看作"系统的鲁莽程度"。

召回率是显示"能覆盖多少正确样本"的指标，将其看作"遗漏多少正确结果"更容易理解。

搜索引擎和文章总结系统、用于商品推荐的评价系统，无论有多优秀，S 和 A 达到 100% 一致的情况几乎没有。那么，如何看待存在的误差，是精度评价中的关键。

▲ 作为前提的正确结果不止一个

精确率和召回率在真正的正确结果［有关深度学习的文献中将其称为"目标真实值"（Ground Truth）］被定义的前提下很容易计算。反之，如果定义正确结果很困难，那么即使得到了精确率和召回率，它们的可信赖性也有问题。

文章归纳就是一个例子。如果要归纳一篇有关社会事件的报道，那么大多数人会按照"不遗漏 5W1H""省略枝节部分"的原则来总结，得到的精简版文章一般大同小异。但如果是一篇表达个人见解的评论文章，甚至是短篇散文或诗歌的话，那么每个人归纳的结果就会千差万别。

即使是普通的文章，因为归纳者对文章的相关知识的掌握程度不同，或者因为归纳的目的不同、针对的读者不同，所谓正确的归纳结果也不一样。归纳后文章的长短（归纳度）是否合适也有不同的正确答案。

不仅是归纳，信息检索时要定义正确结果也非常不容易。目前，搜索引擎的搜索结果被作为事实标准，但随搜索目的和搜索人的价值观的不同，正确结果的定义也会自然发生变化。

在运用精确率和召回率时，要意识到其实已默认定义了正确结果。这两个指标使精度的定量评测变得非常方便，因此极为宝贵。但同时也要意识到数字代表的所谓正确结果并不一定完全妥当。无论目标数据是图像、声音、文本还是数值，都可以这么说。

▲　不同场景中对精确率和召回率的重视程度不同

精确率和召回率用来评价"某个系统（包括人工按一定顺序进行的手动处理）输出的结果与正确答案之间的差异"，它们的应用领域广泛，可针对各种主题使用。两个指标应该更重视哪一个，取决于面对的课题是什么。即使是相同的主题和部门，也会因为项目所处阶段与现状的不同而有所差异。让我们以企业的专利调查作为例子来进行说明。

专利调查是一项极其重要的任务，可确保我们自己的技术开发和知识产权保障，使我们最终可以放心地制造和销售相关产品。在投入巨资研究开发产品，准备开始生产时，或者量产成功，销售了一定数量之后，如果突然发现其他企业有类似专利，则可能面临被要求支付赔偿金，回收已经销售的产品，停止继续生产的风险。反过来，如果被专利调查束缚了手脚，导致研究人员无法自由地创意则是本末倒置，很可能因此导致投资失败而颗粒无收。

我们要考虑两个关于专利调查的场景。一个是头脑风暴，讨论某个新业务需要的技术应该在公司内部自行开发还是从外部引进；另一个是在发表新产品前夕，针对是否侵犯了其他公司的专利的调查。

在这两个场景中，对精确率和召回率的侧重有所不同。前者重视精确率，后者则更关注召回率。

第一个场景是在反复进行头脑风暴，逐步筛选研究课题的阶段，为了从技术角度对自己公司的优势进行评估、确认而进行的专利调查。这种情况下，发现适量值得关注、有足够参考价值的相关专利是主要目的。

研究人员希望通过调查精准地发现与自己关注的主题相关的专利，因此会更重视精确率。

在第二个场景中，研究的主题已经确定，研究结果即将成形，产品的规格大致明确。在此阶段，如上文所述，如果发现其他人先于自己公布几乎相同的发明成果，则存在遭受损害的风险。

在这种情况下，如果发现一项与自己公司的研发非常相似的专利将会是一个重大的问题，因此，需要尽可能全面地搜索所有相似的专利，所以此时召回率更受重视。

即使在同一项专利调查中，也会随着研究开发的阶段变化从强调精确率转向重视召回率。对于精度评测，一般的印象是"烦琐而又辛苦",但实际上它是一项非常有战略意义的工作。结合具体场景灵活运用精确率和召回率,对于企业制定研究开发和销售方针具有重大意义。

精确率和召回率的概念不仅适用于公司,也适用于个人。此时,最初思考候选答案的上工程阶段,与从候选答案中挑选一个的下工程阶段,对精确率和召回率的重视程度不同。例如,在求职活动的上工程(开始搜索职位)阶段广泛多样地获取候选职位,而在下工程阶段精挑细选适合自己的最终职位。与专利调查的例子相反,在上工程时重视召回率,下工程时重视精确率。

▲　业余和专业所需的精度是不同的

简单而言,关于系统输出结果与"目标真实值"重合的程度,以系统的输出结果数量为分母的是精确率,以正确样本数量为分母的是召回率。

如果正确答案是"用户想要的",那么正确答案会有无数个变化。根据系统的响应,正确答案本身发生变化并不罕见。在这种情况下,系统输出结果的展示方法以及召回率就变得更重要了。

许多搜索引擎会显示出第一页排列在最前的数十个搜索结果,这不仅是为了帮助用户判断结果是否妥当,同时也是为了让用户感觉这些就是正确结果而采取措施。

在许多针对个人消费者的网站以及产品 / 服务中,我们可以找到系统输出是如何影响用户对正确答案的判断标准的示例。

- 数码相机自动选择最佳拍摄时机功能；
- 基于蓝光/DVD刻录机搜索关键字与履历的节目推荐功能；
- 照片素材网站上的照片推荐功能。

近年来，"在巨量候选数据中迅速找到最适结果"的需求日益增长。这也意味着相比召回率，精确率的需求更大。但需要注意的是，这种倾向始终存在于一般消费者和业余用户之中。

如同小山庆太所著的讲解自然科学系列《科学家为何力争第一》一书一样，在科学和商业领域，如果不能获得该领域的"第一"，那么商品价值或市场价值都会一落千丈。这与"总之先有一个"的业余用户的价值观完全不同。可以说，召回率的重要性在专业用途中有提升的倾向。

在结束精确率和召回率的说明前，作为总结，我们来看一个通过比较两者进行重要判断的例子。这是在计算机软件开发中，推测BUG（缺陷）的潜在数量，判断是否能交付的事例（见图2-4）。其本身也是非常有难度的任务。

首先进行调查，弄清包括潜在的BUG在内，有多少个BUG可以通过测试发现，测试的覆盖范围有多大。综合此结果以及过去的历史数据，再结合经验推测BUG的数量。

用于精度评估的精确率和预计召回率，可以通过在开始时设置某个阈值，之后考虑各种条件对其进行调整的方法来提升决策机制的完善程度。

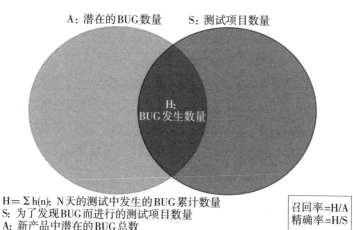

A：潜在的 BUG 数量　　　S：测试项目数量

H:
BUG 发生数量

H＝Σh(n)：N 天的测试中发生的 BUG 累计数量
S：为了发现 BUG 而进行的测试项目数量
A：新产品中潜在的 BUG 总数

召回率=H/A
精确率=H/S

图 2-4　预估潜在的软件 BUG 数量

实际上，有时软件交付十年后也会发现当初意想不到的 BUG。有必要以此为契机，重新审视传统测试的覆盖率；或者回顾设计方案，评估其对需求的定义是否清晰。因此，就目前的软件开发而言，要比较准确地预估精确率是一件困难的事情。

▲ 深度学习的准确性评估测试非常简单

一旦确定了精度评估的目标，我们将进入实际评估阶段。与前述示例中给出的 JPEG 图像的画质评估相比，可能会感觉使用深度学习系统的识别 / 分类任务难以评估精度。事实并非如此，只要定义了正确结果的集合，就可以使用精确率和召回率顺利地进行精度评估和比较评估。

如果使用深度学习的开源学习（训练）软件，它会默认一组样本数据中的大约四分之一（系统默认值）作为测试使用，其余的用作学习。学习结束后会自动进行测试，输出精度评估值，并会按照精度高低顺序显示前五项，非常方便。

以指定比率切分测试数据时，切分的过程自动随机进行。因此，偶尔会发生学习数据和测试数据之间各种图像的分布（变化）不同的情况。在这种情况下，即使学习进行顺利，第一次测试的精度也可能很低。

相反，如果学习数据的图像组合与测试数据非常相似，则可以从一开始就获得极高的精度。但如果这些变化与系统部署后的实际数据分布不同，那么系统运行后只能得到很低的精度。所以，如果不能收集实际的数据和召回率较高（覆盖率高）的学习用数据，就容易发生此类问题。

如上所述，深度学习的精度评估本身非常简单，但必须注意是否可以准备可靠的样本数据。AI 完全依赖于人类准备的训练数据，其自身无法判断这些数据的好坏（除规则简单可以通过自我对弈生成训练数据的围棋等）。

在学习中间的阶段，有必要审视 AI 的输出结果并评估其精度。如有必要，则需思考错误的原因，进一步将训练数据进行细分，再次学习。为了追求从训练数据中获得的最高精度，这样的工作是必要的。然而，有时在早期就能获得能够使用的较高精度，因此，无论如何准备数据并进行尝试，尽早评估精度尤为重要。

▲　能准备反映共同特征和多样性差异的训练数据

让我们再具体地看一下数据的分布。以猫为例，其品种各种各样，如美国短毛猫、埃及猫、沙丘猫、苏格兰卷毛猫等。为了提取这些猫共通的特征，要准备不同颜色、不同花纹但种类相同的猫的正面、侧面和全身图像作为样本数据。这就是数据分布的一个例子。

图 2-5 是一个收集图像的例子，用于创建一个区分苹果、橘子和柿子的深度学习系统。即使仅以水果为例，其颜色和形状也会有各种变化。人类将其辨识无误的辨别能力，实在值得惊叹。

图 2-5　各种苹果、橘子、柿子的图像

资料来源：元数据公司。

这些水果的特征不能完全用文字表达。在心理语言学的隐喻表达研究中有一些理论，例如，当说"像苹果一样的脸颊"时，马上联想到"红脸颊"的人占 80%，联想到"圆脸"的人占 15%。在这种情况下，"红色"是苹果的显性属性。这意味着作为苹果的特征，"红色"最为突出。

实际上，并不是所有的苹果都是红色的。有些是青苹果，有些是黄苹果或绿苹果，无法用语言来说尽。换言之，用编程语言也无法完全表现出来。这也解释了为什么用传统方法处理精度的提升是有限的。

即使只是苹果的图像，变化也是多种多样的。首先，是照片还是插图；是整体还是局部；是好几个苹果还是单个苹果的部分切面；有没有损伤后的褐色斑点；还有形状和纹理（贴图）的差别；微小的颜色差异等。而人类的视觉认知能力可以做到不受这些差异影响，一眼就能正确识别出苹果来，这样的能力着实值得赞叹。计算机自问世以来直到 21 世纪，也无法完全企及人类这种与生俱来的能力。

如果要建立一个识别苹果、橘子和柿子的深度学习系统，为此准备样本数据的话，该如何收集各种不同的图像，又如何将这些图像混合起来呢？图像的种类越丰富越好，有的是水果树上的图像，有的则是单个水果；有的是呈现切割水果后断面的图像，还有水果被整齐摆放的图像等。除了最终的识别目标是苹果、橙子、柿子之外，如果不加入这些水果所包含的子种类，就会有学习无法收敛的风险。例如，可以加入正方形的柿子、圆形柿子、笔柿（日本柿子）等细分种类。

数据分布多样的情况下，为了获得有意义的结果，到底需要多少数据量；为了在此基础上达到目标精度，需要增加多少数据。开源工具的技术书里并没有提到这类内容。

关于上述图像的变化在划分为学习数据和测试数据时存在偏差的问题，可以采取将相同比例（如 25%）划分为测试数据，并采用不同的划分方式重复学习数百、数千次的措施。这是通过使用大量计算能力来探索精度的一种方法。但是，即使使用高速 GPU（图像处理处理器）进行学习，也必须做好为分割数据花费大量时间的心理准备。

无论如何，深度学习的精度评估的确比其他技术更容易。从 AI 商用的角度来说，我们应该努力在各自的行业中建立数据选择和样本数据创建的方法论，并积累经验。

▲ 使用开发环境进行数据学习的流程

正如我们在第 1 章中看到的那样，除深度学习之外，机器学习还包括非监督式学习、监督式学习和半监督式学习（识别难以归类为样本分类的数据）。

非监督式学习不能事先设定目标，在所谓"死马当活马医"的情况下使用。要使其代替传统由人工监视的工程几乎是不可能的。

通常，AI 部署项目要预先手动准备足够数量的样本数据（监督数据），设定高于人类或与人类判断能力同等的精度目标，并进行监督式学习。

我作为研究人员曾参与过名为《运用病理数字图像和 AI 技术，在手术中迅速诊断罕见癌症（能够实现双重检查）的辅助工具的开发（2016—2018）》的项目，该项目由厚生劳动省科学研究所资助。这个项目中的关键要点就是，通过有效利用宝贵的医生（病理专家）资源来正确制作样本数据，从而高效高质地完成学习。

图 2-6 所示的淋巴结图像是在项目开始时，由东京大学医学部附属医院的佐佐木毅主任（促进区域协作·远程病例诊断中心所长）标记的样本数据。

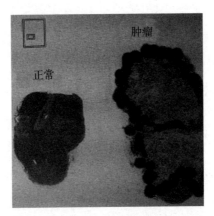

图 2-6　淋巴结 36 亿像素图像的一部分
（右侧的黑色圆圈是边缘用红笔标记的肿瘤图像）

资料来源：元数据公司。

这是在显微镜下，在载玻片上仅几厘米长的样品上的几毫米见方的区域内，用超细红色马克笔在盖玻片上环绕肿瘤区域进行的标记。这样的技艺可以称得上是超乎寻常。

识别对象名称的深度学习系统的输入图像通常是大约 256 像素的正方形。由于信息量在从输入到输出的过程中逐渐被消减，最终只有特征信息被保留了下来，因此超高分辨率图像的识别是极具挑战性的任务。鉴于此，我建议根据识别/分类任务的目的和内容，按以下步骤进行预处理。

1. 保持整体图像内容，降低分辨率；
2. 将整体分割成图块；
3. 对象物体预识别（识别具有指定特征的物体所在的区域）。

在图 2-6 所示的淋巴结的肿瘤诊断中，和用红笔圈出的部分一样，在肿瘤区域内相同的纹理会延伸很大的面积，因此我判断只要用上述第 2 种方法进行学习就足够了。同时，我将分割后的图块以边缘 32 像素（相当于一个边长的 1/8）互相重叠，以降低肿瘤的特征被图块边缘切断的概率。

一开始，我们不得不使用只能以特殊的图像格式对图片进行简单分割的工具，以此将包含 36 亿像素的图片切分成超过 50 000 张 256 像素的图块。请医生全部对其进行辨认，标注"全部是肿瘤""一半是肿瘤""一部分是肿瘤"的标签。这种方法明显低效而且得不到理想结果。但就当时的项目时间安排而言，要开发能够针对特殊格式的图像，在红色标记范围内外的部分自动标注，生成样本数据的软件也不现实。

于是，我们通过用尺测量，将显示器屏幕的上下左右以 0.5 毫米为单位进行切分，画上坐标，对简单分割的图像图块在标注区域内部或外部进行计算筛选。我们编写了工作手册，让完全没有医学知识的外包人员来完成制作样本数据的工作。图 2-7 中下方就是工作手册中"流程概要"的页面。

图 2-7　图像分割的初始工作

资料来源：元数据公司。

通过这种方式，在第一年的开始阶段（2017 年 1 月—3 月），我们花费了几百万日元的人工费创建了大约 120 万个样本数据。在早期阶段，准备了超过 80 000 张以肿瘤部分为主的样本数据。

【分类数据】

Tumor（肿瘤）：32 384 张

Healthy（健康）：16 939 张

Bubble（气泡状）：7507 张

White（空白）：23 918 张

我们使用了一台具有 36 TFlops[①] 处理性能的小型超级计算机用于学习。

【学习深度学习所需的时间】

创建数据集：30 分钟

模式学习：2 小时 40 分钟（30 epochs）

30 个 epochs（时期）意味着为了完成学习，我们使用相同的数据集重复学习了 30 次。

▲　注意过度拟合

在上文中，我说明了准备大量正确的样本数据，着眼于目标精度（精确率、召回率）让深度学习系统进行学习的过程是目前充分利用"专用 AI"的方法。那么，要提前准备多少高品质的数据呢？

答案是："所需的样本数量和质量在事先无法预知，只能根据具体情况进行调整。"即使能够将目标精度定义在一个固定的水平，如果不用实际数据反复试错，也无法决定为了实现此目标精度所需的样本数量。

样本数量较少时会发生什么问题？这样系统就会无法捕捉到似是而非的图案之间的共通特征，还会将明显不同的特征视为"相同"的，进而导致特征无法被提取。

---

① TeraFlops：每秒 36 万亿次浮点计算。

59

在这种情况下，就需要调整被称为"学习率"的参数。我们重复试错，以便在给出一个图像时网络权重的调整程度不是太大或太小。然而，如果样本数据的绝对量很小，则无论学习率如何调整，都很难达到理想精度。

当我们使用用于学习的样本数据测量精度时，乍一看系统的精度会显得很高，但实际上它可能离实际模型（学习结果的网络权重束）很远，这被称为过度拟合（过度适应）（见图 2-8）。

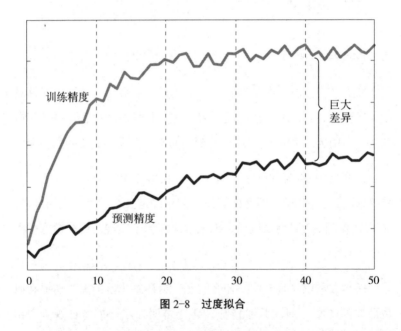

图 2-8　过度拟合

顾名思义，过度拟合意味着过度适应学习数据。它不会学习包含大量多样的数据分类中的共同特征，而是捕捉仅限于样本数据的集合中的共同特征进行学习，或者遗漏那些在其他样本中有所呈现但没有在样本数据中体现的特征。这些原因导致了过度拟合。

为了确定是否存在过度拟合的情况，观察预测精度（基于未知数据的精度评估结果）与训练精度的曲线的收敛是否存在如图 2-9 所示的情况是一种有效的手段。

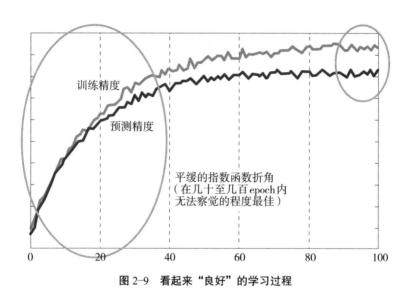

图 2-9　看起来"良好"的学习过程

为了避免过度拟合，在某些情况下可以采取以下有效措施。

- 在学习之前进行分类时，增加大幅异常值的排除比例；
- 减少过大规模的网络层数；
- 减少每层节点（神经元）的数量。

可以说最基本的对策是增加样本数据。但是，有些情况下数据量过大，精度反而会降低。在许多情况下，不用现场数据进行测试，就无法确切知道精度好坏以及还需要多少次试错。

如果不使用分类、识别的对象数据，AI 系统的开发成本无法估算。在对外委托 AI 系统的开发时，那些不用少量数据进行有偿实验就拿出估价的供应商，可能会要求比实际需要更多的预算。出于同样的原因，也需要警惕那些不讨论目标精度（精确率和召回率）的供应商。

用相对较少的样本数据，低于完整系统 1/10 或更少的预算进行试验性学习，以此验证实现目标精度的可能性。通过此种可行性调查来预估业务计划的 ROI（投资回报率），可以说是正确的 AI 开发方法。

C
HAPTER 3

第 3 章

目标精度的实际评估和利用

- 目标精度的评估方法随着应用领域和目的的不同而有所不同;

- 设计业务流程时可以有效利用混淆矩阵;

- AI 系统发生错误在所难免，因此对其敬而远之是不明智的。

在第 2 章中，我说明了使用深度学习时的基本流程，并说明了用"精确率"和"召回率"来确定目标精度的重要性。

在本章中，我们将更详细地阐述目标精度评估的过程。

首先，我们来看三个实例。

- 例 1：使用车载摄像头识别危险征兆
- 例 2：日语 OCR（文字识别）
- 例 3：罕见癌症的病理诊断辅助

以上各例涉及的都是深度学习应用进展较广泛的领域。通过这些实例就可以明白在应用深度学习的过程中，目标精度的设置有多么重要，也能够理解目标精度的需求会根据目的和准备解决的问题而大不相同。实际上，目标精度的不同可能会导致 AI 系统的开发成本成倍变化，在某些情况下甚至会有几个数量级的差异。

无论何种用途，都需要进行精度评估。哪怕只是开发一个聊天机器人，在需求分析的阶段，也需要考虑系统的目的和使用场景，以此决定要达到的精度。比如，对于"能够正确提取上下文关系，按用户的需求做出恰当回答的比率"，应从精确率和召回率两方面进行严格评估。

例 1　**使用车载摄像头识别危险征兆**

　　第一个例子是使用车载摄像头识别有危险的情景。以前，通常会由人花上几百个小时观看车载摄像头拍摄的视频（见图 3–1），以甄别其中的危险情景，并抽取 5 到 10 秒左右的片段。这些视频片段一方面作为针对危险驾驶者的证据，另一方面也被作为教育其他司机的素材使用。

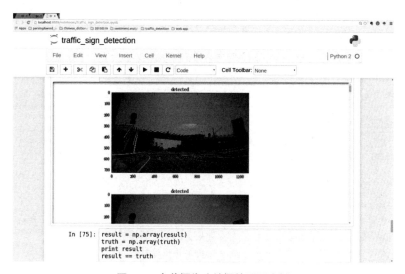

图 3–1　车载摄像头拍摄的画面实例

资料来源：元数据公司。

　　假设共有 600 小时的视频，其中包含 10 个危险情景。如果是用于上述用途，则没有必要网罗所有的危险场景，识别的结果能覆盖"正确答案（A）"的一半，就能够制作出足够好的素材。

　　同时，如果"系统输出结果（S）"中，有一半可以被判断为

"典型的危险情景"就足够了。这可以说是一个"精确率（P）"与
"召回率（R）"都只要达到 50% 就具有实用性的好例子。

即使每个情景的片段长达 30 秒，但相比以前需要观看 600 个
小时，目前只需要观看 30 × 10 = 300 秒（5 分钟），就可以把整个视
频中的情景分类为"安全"或"危险"。相比以前，人的目测工作
时间急剧减少到原来的 1/7200，这样可以节省大量的劳动力成本。

▲ 从危险驾驶分类中了解自动驾驶的问题

实际存在什么样的危险驾驶？请参考表 3-1。

表 3-1 危险驾驶的原因分类

场所	交通行为判定结果	判定依据
人行横道	A. 横断带前不妨碍行人通过	• 斑马线上有行人正在或准备穿过 • 车辆从行人前进方向的正前方穿过
	B. 在斑马线前停止的其他车辆侧面停车	• 在斑马线前停有其他车辆 • 在此车辆侧面停车
高速公路的出入口	A. 在人工窗口停车	• 在人工窗口暂时停车 • 遵从工作人员的指示 • 付费不花费过长时间
	B. 通过 ETC 通道时减速	• 通过 ETC 通道时减速
铁路道口	A. 在铁路道口前停车	• 在停车指示线前停车；没有指示线时在道口前停车 • 确认左右方情况 • 进入道口时前方留有充分的余地
	B. 道口抬杆放下时停止进入	• 在道口的抬杆放下时停止进入

续前表

场所	交通行为判定结果	判定依据
信号灯·停车线	A. 临时停车标志	• 在停车线前停车 • 多段式分次停车（日本国内提倡的停车方法，在通过岔路口时多次停车以使周围的交通参与者发现自己避免事故）
	B. 红色信号灯闪烁	• 停车并确认左右方情况
	C. 黄色信号灯闪烁	• 注意前方、左右、后方情况
岔路口	A. 没有信号灯的岔路口	• 通过视野不佳的岔路口时缓行或者依据情况停车
	B. 有信号灯的岔路口	• 减速并确认前后、左右的情况
	C. 遵守信号灯指示（黄色和红色信号灯）	• 黄色或红色信号灯亮时停止通过岔路口 • 进入岔路口后黄色信号灯亮起时，迅速通过岔路口
	D. 右转	• 注意信号灯和直行车辆 • 注意右转方向直行的自行车与行人 • 注意从右后方驶来的摩托车
	E. 左转	• 左转前靠左行驶保证左方没有摩托车靠近 • 观察后视镜确认左后方的情况 • 目视观察左前方情况 • 在人行横道前停车或者减速
岔路口附近	A. 禁止变线（黄线）	• 在距离路口 30 米时不超越前车
	B. 禁止超车	• 在距离路口 30 米时不超越前车
	C. 禁止停车	• 在路口 5 米范围内不停车
	D. 除指定方向外禁止通行	• 往指定方向行驶
	E. 按正确车道行驶	• 按照地面的车道标志行驶

续前表

场所	交通行为判定结果	判定依据
导流带	A. 导流带内车辆	• 车辆在导流带内时注意前方
	B. 导流带尽头右转	• 忽视导流带内的其他车辆在其前方右转 • 因为车间距离导致加速不充分
离开岔路口	A. 右转离开	• 确认右后方情况
	B. 左转离开	• 预先靠左行驶 • 前方有斑马线时暂时停车
	C. 从路口外进入路口	• 在斑马线前暂时停车 • 多段式分次停车
路上行驶	A. 窄路行驶/居住区道路行驶	• 保持车辆在合适的位置行驶 • 以安全的速度行驶
	B. 弯曲路行驶	• 是否行驶在正确车道 • 是否降低车速
	C. 硬路肩行驶	• 是否在高速公路的硬路肩上行驶
	D. 与车流汇合	• 是否确认了右后方/左后方的情况 • 是否保持了与欲并线车流保持同样的车速
	E. 车间距离	• 车间距离是否太小
	F. 超速行驶	• 是否大幅超过限制速度
	G. 改变车道	• 改变车道时是否观察了右后方/左后方的情况
	H. 启动	• 启动时是否观察了右后方/左后方的情况
	I. 避让紧急车辆	• 紧急车辆接近时是否让行
	J. 超车	• 是否在禁止超车区域超车 • 是否强行超车 • 是否从右侧超车（日本的交通规则规定左侧通行） • 超车时是否保持了安全距离

续前表

场所	交通行为判定结果	判定依据
各种天气情况	A. 雨雪天气时根据雨雪量合理应对	• 雨刮器速度是否正常（根据雨雪量判断）
	B. 雪天	• 安装防滑链条或防滑轮胎
	C. 雪天：胎印	• 在前车的胎印中行驶
	D. 雪天：启动	• 启动时不急加速 • 观察后方情况
	E. 雪天：急加减速	• 在有雪覆盖路面急加速或急减速
	F. 雪天：左转或右转	• 在有雪覆盖路面左转或右转时降低车速
	G. 雪天：超自行车和行人	• 与侧方保持充分车距（避免泥水四溅）
	H. 雪天：弯道	• 降低车速，以安全车速进入弯道
	I. 雪天：改变车道	• 除非不得已，不改变车道 • 改变车道时充分观察前后情况，同时降低车速
车内行为	A. 手机通话	• 驾驶中不操作手机或通话
	B. 操作智能手机	• 驾驶中不操作智能手机或通话
	C. 交谈/免提通话	• 不长时间与乘客交谈或手机通话（开启免提）
	D. 翻阅资料	• 驾驶中不翻阅资料
	E. 吸烟	• 驾驶中不吸烟
	F. 寻找物品、过度关注乘客	• 驾驶中不寻找物品，不过度关注乘客
	G. 开小差	• 不集中注意观察前方
	H. 困倦驾驶	• 眼神游离，闭眼时间过长 • 频繁打哈欠 • 动作缓慢 • 眨眼频繁
	I. 安全带	• 行驶中系好安全带

资料来源：作者按照日本道路交通法、交通规则制作。

现在，自动驾驶的实用化研究正如火如荼地展开。AI 驾驶员能否杜绝表 3-1 中所示的危险行为？能否遵守交通法规？系统能否达到预设的精确率、召回率？要回答这些问题，我们可能需要制作几十个专用 AI，用于评测这些指标。

此外，由于自动驾驶 AI 的判断是根据多种不同操作和动作组合（按时间先后顺序的一系列操作动作的组合）进行细分，所以至少要进行数百种测试。驾驶员在驾驶过程中需时刻关注的交通标识达百余个。在驾驶过程中，无论处于什么位置和情况下，都需要迅速识别这些标识，并采取相应的行动。

例如，在贯彻"右方超越"（日本交通法规定左侧行驶）的原则时，如何保证自己驾驶的车辆不从前方车辆的左方超车？在自动驾驶的情况下，只要设定系统在判断"前方车辆的速度过慢有危险"因而做出"超车"的决定后，不能向左方车道变线即可。

那么，司机使用辅助驾驶系统时该情况又会如何呢？首先系统必须能够确定你所驾驶的车辆是否试图从左方超车。仅仅通过深度学习识别来自视觉传感器的图像是不够的，因为这会导致系统很难判断车辆的动作属于违反交通规则的左方超车，还是因为右方车辆突然降速导致看似超越前车。

如果 AI 没有预测能力，就无法预测前方车辆是否会在几秒钟之内减速[1]。

---

[1] 如果自己所驾驶的车辆和对方车辆都是自动驾驶的车辆或是通过 M2M（机器对机器）通信的车辆的话，那么自车的驾驶意图能够传达给对方。

在这种情况下，就需要添加其他传感器来获取类似是否加速、减速等其他线索，来实现综合判断。

在未来，以下场景可能成为现实。驾驶监控系统发现司机或 AI 驾驶员疑似从左侧超车后询问道："几时几分时是否违规超车？"对方回答："不，我不是故意超车。我想要变道，又不想影响周围的车流，所以加速了而已。"监控系统立即向交通管理部门或者驾驶员的雇主澄清了事实，避免了司机因此被扣分。

✦ AI 给生产力带来的提升效果

在需要被迫违规从而避免发生死亡事故等危险的情况时又该如何？例如，假设前方车辆急刹车，预测到自己所驾驶的车辆向右方躲避会撞上其他车辆，从而造成严重交通事故，那么就只能从左侧超车。考虑到会发生这样的情况，因此不能将自动驾驶系统设置成绝对不能从左侧超车。

能够根据时间和场景，灵活选择轻微违反交通法规以确保安全，这种能与人类匹敌且具有灵活性的 AI 的开发可能需要相当长的时间。同时考虑到责任归属的问题，具备自动驾驶系统的车辆在紧急情况下，还是需要由司机做出最终判断。

带着以上观点再次回顾表 3-1，可以感受到目前已经实用化的辅助驾驶系统和真正的自动驾驶系统之间尚有很大的距离[①]。各个项

---

① 参考日本国土交通省（日本的中央省厅之一）发布的《目前实用化的自动驾驶功能并非真正的自动驾驶》。

目的精度还有很大的提升空间，如要判断是否临时停车可以将"速度完全为 0 的状况持续 1 秒或更长时间"作为基本条件，按照停止和减速的时间划分成几个阶段进行更精确的判定。

就实用性而言，现有的 AI 技术可以以精确率和召回率各 50% 的精度轻松判断出几种典型的危险驾驶情况。AI 能够轻易判断为危险的情况，人类当然也能够客观无误地做出同样的判断。因此，将 AI 选出的视频作为给驾驶员的提醒或者反面教材更容易实现。

让我们再次确认 AI 对生产力带来的显著的提升效果。

- 过去，需要项目负责人观看 600 小时的视频。
- 其中有 10 个危险情景。如果作为反面教材，只需要提取出其中一半的情景即可。
- 提取的片段分为一个 30 秒的视频文件。
- AI 系统以精确率和召回率各 50% 的精度进行判断，指出 10 个视频文件中包含危险情景。
- 在新的业务流程中，负责人只需要查看 10 个被 AI 认为"存在危险情景"的视频片段。
- 负责人的工作时间缩短为 300 秒（5 分钟）。降低成本的效果是过去的 7200 倍。

有些业务的效率并不能因为 AI 而获得提升，如文档和报告的制作，因此总生产效率相较之前可能只是提升几倍而已。尽管如此，可以预计用于支付劳务费的费用和员工的工作负担会戏剧性地减少。

▲　交通标志与 AI 的匹配和 RFID 化也是必要的

　　为了能够以合理的成本和足够高的精度实现自动驾驶和危险驾驶监控，有必要考虑道路交通的基础设施改善。交通标志就是一个很好的例子（见图 3-2）。交通标志需要做到让人容易进行视觉辨认。传闻日本政府计划改变一些交通标志与国际接轨。

图 3-2　部分日本交通标志

资料来源：日本国土交通省《道路标志一览》。

要为迎接自动驾驶时代的来临而做准备，最好让交通标志易于AI 识别，即具有较高图像识别精度。也许应该考虑让交通标志都能做到以特定频率实时不间断地发出信息，以 100% 的精度与所述车载设备进行 M2M（machine to machine）通信。

交通标志在过去的主要作用是对交通参与者起警示作用。在自动驾驶时代，则需要增加提醒机器设备和对其发出指令的作用。因此，应该通过使用 RFID（非接触式标签）和无线 LAN 技术，让AI 做到 100% 识别交通标志。

即使 AI 可以做到 100% 识别交通标志并理解其中内容，也不能按照固定的模式进行反馈。比如，识别出"当心动物"的交通标志时，应该当心什么种类、多大体型的动物？在车辆行驶路线的哪个位置、以多少速度、向什么方向移动？依据这些不同问题做出的判断都不相同。

即便如此，无论是自动驾驶还是人类驾驶，将交通基础设施改造为能让 AI 100% 地识别交通标志都具有重大意义。在自身无法观测到的角度和位置出现危险征兆时，可以被公共交通设施捕捉到并发送给行驶中的车辆。这样的公共投资如果能从技术的角度获得社会共识，并在此基础上将法律的修订和交通教育改革一新，那将具有重大意义。

例 2　日语 OCR（文字识别）

第二个例子是日语 OCR。前一个例子即使精度很低也具有足够的实用性，但第二个例子与之相反，这是一个即使精度很高都难以实用化的例子。日语的文字识别即使准确度（精确率）达到 99.5% 也毫无意义（见图 3-3）。

> 精度: 99.5%
> ➤ 在一页 A4 纸的 2000 字中，如果有 10 个地方存在错误
> ➤ 那么校对 100 遍是否能订正所有的错误？
> ➤ 如果无法保证，那么要检查 20 万字的话，还不如重新输入一遍效率更高
>
> 结论: 这样的精度没有实用价值

图 3-3　在日语 OCR 即使精确率达到 99.5% 也毫无意义

将"ソフトバンク"（软银）识别成"ソフトパンク"（软包）。这类不容易被人类察觉的错误在一页中最多可能有 10 处。这样的话，无论人类校对多少遍也不能保证校出所有错误来。

假设要检查 100 次，大约需要检查总共 20 万字，这样的成本过于巨大。而且即使每次检查只需要 3 分钟，一共需要 5 小时，劳动力成本轻易就会超过 1 万日元。像这样的校对工作极为痛苦，可以说是一项非人的任务。

重新输入文字的成本大约每页几百日元。将其外包给其他地区且具有较高日语能力的工作人员来完成，可以节约不少费用。

此外，使用 OCR 时，需要花费时间和精力来操作扫描仪并进行设置。考虑到这一点，可以得出结论，即使精度高达 99.5%，投

资回报率也不合算。这也是日语 OCR 在商业中应用不多的最大原因。

如果对文字识别的精度要求不高，那么用类似复合机的扫描功能制作 PDF 文件即可。但是，能够做到包括文字间插入的图表或格式都能够正确识别并加以充分利用，以至于原始文档图像都不再需要的企业极少。

例3　罕见癌症的病理诊断辅助

第三个例子，是在元数据公司，由我主持的厚生劳动省科研项目《运用病理数字图像和 AI 技术，在手术中迅速诊断罕见癌症（能够实现双重检查）的辅助工具的开发》（2016—2018 年）。2017 年上半年的目标精度数值如下所示：

【手术中发现病例时】

概率值排名第 1 位的症状名称的精确率 > 0.50

概率值排名第 1 位～第 5 位的合计值（召回率）> 0.95

【在病理学中心检测普通标本时】

概率值排名第 1 位～第 50 位的合计值（召回率）> 0.995

精度目标设置思路的差异在于，如果是在手术当中，识别结果显示出 50 甚至 100 种可能性，那么很难对其一一进行考量之后再采取行动[①]。而在病理学中心检测采样时会有一个星期左右的时间，可以仔细进行讨论和判断，并希望能够实现与优秀的病理学专家匹敌的精确度，相比人类找到更多的可能性，因此更重视召回率。

辅助诊断 AI 作为一种专用的图像识别系统，能否实现还尚且未知。针对淋巴结肿瘤，仅用 AI 系统（CNN）就可以获得足够的准确性。相对而言，脂肪肉瘤就有点复杂，因为必须在几厘米的区域内找到一个癌细胞转移。可以想象 CNN 通过在前一阶段中进行物体检测来提取可能是癌细胞的候补对象，然后用 CNN 来精密检查它是否真的是癌细胞。

每个医生的判断也并不相同，因此似乎有必要根据各种病变和图像准备多种方案。有时一个标本可能需要 AI 输出多个概率值表。

在美国，人均病理医生数量为日本的 3 倍，每个身体部位和每种疾病都有专门的检测部门。正因为 AI 无法做到像人类一样灵活，因此通过细分化学习，确保 AI 精度是正确的发展方向。

标本收集的方法可能也是需要重新考虑的问题。将标本放在载玻片和盖玻片之间进行检测是基于陈旧技术的方法。原本是三维立

---

① 负责 AI 开发的元数据公司最初以这种方式设定手术中的数值目标。但是随着项目的进展，我们理解到"手术中迅速"的真正意义是指"迅速识别摘除的肿瘤及有效判断边缘有没有癌细胞存在"。因此，需要拍摄摘除后的肿瘤组织边缘的图片，然后识别其中是否有癌细胞。从这点而言，本质上召回率更为重要。此时，对于判断个别细胞是不是癌细胞的精准度指标"精确率"，是否将其设定为低于术前标本送检时的标准尚有讨论的余地。但至少在手术中，如果发现组织有癌细胞的可能性，即使只有 55% 的概率，也应该进行追加切除。就这个意义而言，能够以极高的覆盖率进行快速识别的 AI 在手术中应用能够发挥其特长。

体的微小器官和细胞，被任意切割成平面进行观察，很可能会形成比三维状态时更多的形状与图案变化。

对 AI 而言，同一物体的不同图像，如果外观差异很大就很难识别，这样就会导致在制作样本数据和学习上花费大量的成本。因此，用三维图像代替传统的二维切片图像，使用能对应三维图像的 CNN 学习的方法更为合理。这样的方法能够以较低成本实现高精度。

一般而言，已经形成的业务流程的成因大多难以追溯，导致许多业务流程和工作流的目的和原因都变得不清晰了。我认为把 AI 的应用作为一个契机，彻底地对目前的工作流程进行整理，对于提升医疗品质，提升效率，降低成本并减轻医生负担（特别是过度用眼和手的工作）非常重要。

与普通的医生检查不同，AI 是通过穷举法[①]的方式对标本的高分辨率图像进行毫无遗漏的彻底检查。因此，需要用与医生不同的观点对图像数据进行分类，制作样本数据。

应付日常工作已经极度辛苦的医生无法放弃其他工作来专门制作样本数据。医用 AI 开发项目中，重要的是要认识到 AI 团队主要通过图像外观差异来细分样本数据。但这种认识还没有完全普及，可以说医生与 AI 工作人员互相协作进行 AI 实用化的试错实验才刚

① 穷举法的基本思想是根据题目的部分条件确定答案的大致范围，并在此范围内对所有可能的情况逐一验证，直到全部情况验证完毕。若某个情况验证符合题目的全部条件，则为本问题的一个解；若全部情况验证后都不符合题目的全部条件，则本题无解。穷举法也称为枚举法。

刚开始。

▲ 精度目标的设定和预算是"鸡与蛋"的问题

以深度学习为核心的 AI 识别和分类在实际应用中，精确率与召回率的精度目标设定、评估非常重要。这一点在之前的章节中做了反复说明，相信大家已经理解了。没有精度目标就无法讨论投资回报率，制定技术路线图也会变得毫无意义。正如我之前提到的，仅仅因为精度目标略有不同，开发成本可能会增加 10 倍。AI 开发项目的成功概率也是如此。

为了设定精度目标，有必要对人类工作流程 [即人类通过何种 UI（用户界面）、执行何种中间处理和最终判断] 进行详细检查和解释。这是因为如果不针对新的技术需求、处理速度、人工成本、交付成果的数量和质量以及产生的销售额进行预估，我们就无法精准预测 AI 应用的投资回报率。

设置精度目标和 AI 预算是"鸡与蛋"之间的关系。制作样本数据的成本占据 AI 开发所需的大部分成本。只有存在精度目标时，我们才能估算出样本数据的制作成本。首先使用少量数据的小规模实验来估计可能获得的精度，然后扩大规模反复实验，以提高成本估算的精确度。

即使收集相同的数据，制作样本数据的成本也不一定是相同的。样本标签的数量、人工分类的难度、制作样本的工作效率以及所需的技能（如需要请专业领域的专家，花费成本很高）都会导致成本变化。

另外，由于不能预先知道学习所需的最佳机器学习方法和参数，因此需要通过试验不断试错，这对于 AI 的开发是必不可少的。很难预测需要多少次试错来达到目标精度。根据试错的结果，可能需要大幅更改样本数据的分类数量和分类方法。这样一来，开发成本将大规模增加。

结合精度提升的趋势，有时必须重新设定目标精度（在很多情况下必须降低）。在这种情况下，需要确认双重检查和抽样检查所需的人员费用是否增加，精度目标降低后产品与服务是否能够达到交付标准等。

这就要求企业家必须从产生实际数据的业务现场的角度来观察 AI 开发的进度情况，并具有准确预测 ROI（即 AI 带来的经济效益与投入成本的比值），保证其能达到 1 以上的经营直觉。

对于使用 AI 后产生的经济利益，之前投入的成本可以按相关事业的经营时间进行年度分摊。因此，需要对市场情况进行预测，这样才能预估新事业 / 服务在市场上可持续的时间。所以，具备预测用户、市场需求的直觉就非常重要。

传统的垂直分割型组织很难实现这一目标。并且仅有普通工程师的素质是不够的，通过精度评估定期对假设进行定量观测的素质和经验也是必不可少的。另外，从事 AI 开发的个人或团队如果能够站在雇主或经营人员的角度思考问题则更为理想。

目前，以深度学习为代表的 AI 的特征具有普遍性。第一次 AI

投资获得的成果，如深度学习模型和开发经验，可以通过使用不同的学习数据引用到新的服务和业务。如果使用迁移学习，第二次或者以后的 AI 开发成本会急剧下降。从经营人员的角度来看，如果能做到这一点，那么即使为单一的 AI 项目投入巨资也是值得的。

▲　自动驾驶需要用各种观点进行综合评估

图像分类的精确率和召回率的数值评估不难，并且许多深度学习开发框架都建立了自动评估的机制。我们再次以自动驾驶为例进行说明。

首先来考虑如何全面评估自动驾驶的精度。在避免危险和超速的前提下，要将乘客快速舒适地送达目的地，具有自动驾驶功能的车辆除了要正确识别各种交通信息外，它做出的一系列行动是否合适也需要被评估。如果并非全自动驾驶，那么就要评估司机操纵方向盘的方法、频率、时机是否妥当。

在自动驾驶的过程中，信息识别对象多种多样。例如，车间距离、行车的位置与行进方向、前车和周围车辆的绝对位置和距离、与自己驾驶车辆的相对位置、飘浮在空中物体的速度与移动方向、变化趋势（如加速、减速、方向、转换等）等都需要时刻关注。

对于上述各项信息，结合前述的交通标识和路上发生的各种事件，出现的各种物体，在提升对当前道路、其他道路、人行道、轨道和天空识别精度的基础上进行综合评估。这些图像中的对象可能被树叶遮挡，或者拍摄清晰度不高，对于这些误差需要做修补，包括由于雨雪天气产生的积水、积雪，此类误差也要进行修补。仅仅因为颜色和温度变化就可能导致 CNN 识别结果产生差异，所以掌握由于天气阴晴问题产生的误差也很重要。

如果要对在各种情况下自动驾驶是否妥当进行评估，那么将识别结果与正确动作相关联的准确度和反应速度非常关键。如果可以采取的行动，如"急刹车""猛打方向盘""试图以加速规避风险"等，有多种选择且难分优劣时，就要对这些行动能否避免使乘客感到恐惧、保持舒适的概率进行定量和定性的评估。

自动驾驶中车辆的识别与行动之间的对应关系是否合适，这一点的评估与"安全驾驶还是危险驾驶"的评估重叠。除了确保从识别到采取行动的过程的精度之外，还需确保正常情况下的安全，以及避免外部因素诱发的危险。同时，在事故无法避免的情况下能否将损失降到最低，这些都是精度评估的范围。

▲ 特斯拉汽车为何发生车祸

如果可以评估自动操作的精度，那么该如何将其结果应用于安全措施和精度改进？让我们举一个特斯拉汽车的例子。

据说特斯拉汽车可以允许驾驶员双手放开方向盘长达 15 秒，这意味着硬件方面已经完全支持全自动驾驶。未来发展目标是通过更新使软件能够应对全自动驾驶。

这是一项雄心勃勃的尝试性试验。通过市场性的实验快速完善自动驾驶功能，这种积极推动商业化的态度可以说是创新公司的典范。

据称，特斯拉的 Model S 在最初的两年 5 个月内进行了 23 次软件更新。该车型在 2016 年 5 月发生了美国史上第一例自动驾驶车辆的交通事故——它与一辆巨大的 18 轮卡车迎面相撞，驾驶员当场死亡。

约 13 个月后的 2017 年 6 月 19 日（美国时间），美国国家运输安全委员会发布了对该事故的调查结果，事故的主要原因是驾驶员多次无视车辆发出的安全警告。

事实上，系统曾七次提醒驾驶员："请用手握住方向盘。"但曾是海军特种队员的驾驶员在行车途中的 37 分钟内握住方向盘的时间仅有 25 秒。鉴于此次事故，2016 年 9 月，特斯拉宣布了一项软件更新，如果驾驶员无视系统发出的安全警告，自动巡航功能将会被禁用。

该事故给我的印象是：事故车辆与前方的大型车辆相撞意味着两辆车之间距离识别精度并不充分[①]。Model S 装备了三种与前车距离识别相关的传感器。

- 位于前牌照下的"毫米波雷达"（估计有 25 GHz 和 77 GHz 两

---

① 该事故发生的本质原因在于设计上，雷达有忽视静止物体的特点（只要在车辆正面 180 度范围内有静止物体，雷达就会做出反应让车辆停止）。在特斯拉的操作手册上，有如下描述："警告：定速巡航时可能会存在检测不到物体的情况，无法自动刹车避免碰撞静止车辆。特别是以时速 80 千米行驶，同时没有尾随车辆时，前方出现静止车辆或物体时尤为容易发生此现象。"特斯拉汽车无视道路前方的拖车并与其发生冲撞其实是符合"设计规范"的行为。

种类型）；

- 后视镜根部面向前方的光学摄像头；
- 车辆前后总共有 12 个超声波声呐。

特斯拉可能通过采用整合各传感器信息的"综合系统"来测量距离，即多种传感器的"共议制"。因此，精度应该能够得到充分的保障。

假设一个传感器的精度为 99%。由于其他传感器的工作原理与此不同，因此在某些特定的情况下（如雨天、背光等），所有传感器都同时识别错误的可能性很低，所以整体的精度高达 $1-0.01^3 = 99.9999\%$。

实际上，超声波传感器被认为比通过光学相机的图像识别车间距精准得多。如果距离是 5 米，据了解误差范围最多在几厘米之内。

在提升各个传感器的精度时，需要明确各个部分的精度与实际差异是正向差异还是负向差异（如车间距离，负向差异量越小越安全）。在此基础上，将各种情况下（一种说法是有 1 亿种）允许的差异范围和在道路上预想的各种情景结合，以便改善目标精度，这点极为重要。

更重要的是，提高发现危险征兆时能够立刻采取行动的精度（如需要立刻在路边停车的情况）。以特斯拉为例，希望它就"如果司机无视车内安全警告，则禁用自动巡航功能"的做法向用户解释，同时争取获得更多的社会共识。

自动驾驶的车辆正确理解司机的意图，并以相应的行动进行反馈，让司机放心，这个过程的精度也非常重要。

有时车辆驾驶员采取与自动驾驶规则相反的行为，有可能是为了避免车辆无法识别到的危险而有意为之。在这种情况下，是否允许驾驶员进行违规操作，难以轻易判断。由于 PL（产品责任法）和过去的事故案例，汽车制造商可能会逃避责任。就这点而言，特斯拉大胆的做法值得赞赏。

目前的 AI，包括最近未来的 AI 都不具有自主意识、独立意识和责任感。但是那些能反映责任感的行为仍然能够被记录、被模仿。我们应该继续努力让自动驾驶系统不断地进行升级学习，使它能够实现理想规范化地驾驶。

作为驾驶员乘坐自动驾驶车辆，实际体验的感觉如何呢？我看过一篇 2017 年时被试乘坐特斯拉的准自动驾驶车辆在首都高速公路上行驶后的体验报告，题为《试乘特斯拉自动驾驶车辆，好像第一次要求孩子外出办事般担心不断》[①]。就体验感受而言，我认为仍有许多问题亟须解决。作为今后的改进方向，如何在质和量两方面减少驾驶员的焦虑，使其有愉悦的体验感，非常重要。

▲ 结合预期值评估服务质量非常重要

在评估精度时，利用各种过去的经验是有效的。其中之一是服务科学中的 SERVQUAL 法（见图 3-4）。这是为了评估零售行业的

---

① 参考《每日 SPA！》杂志。

服务质量而设计的方法。

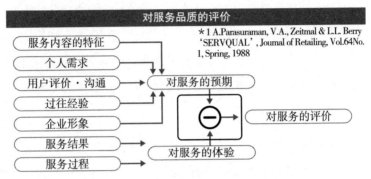

图 3-4 评估服务品质的 SERVQUAL 法

资料来源：M. Christopher, "*The Customer Service Planner*", 1993, Butterworth-Heinemann, p.68.

SERVQUAL 法的要点是"对服务的评价与多种因素形成的预期密切相关"。对服务的预期期望包括以下因素：

- 服务内容的特征（规格和注释）；
- 个人需求（自己因为何种原因要求服务，对服务有何种期待）；
- 对服务的评价与服务提供方的沟通（社交媒体上来自体验过该服务的用户评价）；
- 体验过类似服务的用户的亲身经历（去一家氛围和菜单相似的店时、参加各种活动时的体验感是否良好等）；
- 企业形象（品牌形象）。

对照这些预期，某服务的实际体验感是否良好，主要取决于以下两点：

- 服务结果（获得的变化和满意度）；
- 服务过程（无论结果如何，过程是否愉快）。

假设我们要评估首都地区轨道交通的准点率，这与乘客来自的国家或地区密切相关。乘客所在国家的轨道交通会有以下情形：

（1）99.9% 准点到达是理所当然的；

（2）一般会迟到 1 ~ 2 分钟；

（3）延迟 10 分钟左右很正常；

（4）经常延迟 10 分钟或更长时间。

如果乘客在自己的国家经历过长时间的延迟，或在网上了解到"这一带的轨道交通因为事故频发而经常延迟"，那么很可能他的预期是情形（4）。消费者对服务体验的评价，很多时候会是实际与预期值差的平方。

因此，如果不调查用户的预期，采用全部是选择题的问卷调查满意度，并把平均分数作为结果的话，那么评估本身就没有意义。

关于服务的实际体验，不仅要判断消费者对结果是否满意，还要通过设置其他问题或单独的回答栏来确认服务过程是否令人满意。把自由填写的回答，以及其他选项、数值数据一起用于文本解析的 AI 进行分析，将结果运用到服务质量的提升，这样就可以达到与客户预期相符的服务质量。

将 AI 作为卖点的服务经常会让人在实际体验前产生过高的期待值。为了防止这种情况，要避免对外使用那些有可能让人误以为 AI 不输于人类的说法和词语。当然在行业内部（比如学会、商会）

87

可以使用这种说法。

在和 AI 相关的品牌和产品名称、功能说明中，经常能看到定义不清、夸大其词的说法。例如，把几种普通的机器学习和统计学技术组成的系统称为"通用 AI"。按照 SERVQUAL 法的理论，这些营销语言和行为简直是"在给自己下套"。

亚马逊的智能音箱 Echo（见图 3-5）是降低用户期待值而获得成功的例子。它谦虚地将自己命名为音箱。外观也设计成茶叶罐的形状，按照 SERVQUAL 法的标准，它成功地降低了用户事先的期待值。

因为它的使用环境是在家庭的生活空间内，因此设计者特别花心思使它保持低调，避免在家庭房间内太过惹人注意。

图 3-5　亚马逊 Echo

比起那些不伦不类的动物型聊天机器人，Echo 能够更聪明、更实用地与人对话。特别是能够利用亚马逊自身平台积累的海量数据实现的智能推荐系统进行筛选，将用户目前最感兴趣或最关心的商品与服务集中呈现，使得用户即使在做其他事情时也能轻松预约服务或网购商品。

如果目标用户是早期用户，那么用如同刚才特斯拉汽车一样的"顶尖产品"来唤起用户预期的策略会很有效果。但如果是面向一般大众、被媒体和公共部门关注的产品或服务的话，就不能过度煽动用户的期待值，而应该谨慎地选择语言来披露产品的真实情况。同时，使用各种数据忠实判断产品实用性的态度也很重要。

▲　设计业务流程时的混淆矩阵很重要

假设我们用 AI 的原型来判断实用性，以此制订开发 AI 的计划，该如何确保 AI 完成后的业务流程能够提升生产效率和品质？又应该如何获得详细的品质数据、推动品质改善？同时我们又该如何设计业务流程中的各种判断和处理的分歧？在此情况下，使用"混淆矩阵"（Confusion Matrix）会取得很好的效果。

通常情况下，无法利用 AI 将部门内所有业务自动化。即使是图像识别和异常检测，也无法 100% 交由 AI 完成。

如果是用于医疗领域的图像识别系统，医生会将其作为辅助工具，结合 AI 输出的结果做最终判断。如果完全交由 AI 诊断，则违反了《执业医生法》第 4 章第 17 条。同样在其他领域，人类也只是将 AI 的输出结果作为一种参考，最终判断还是由人类负责。

即便如此，过去需要双重检查的工作因为 AI 的应用使得人类只需负责其中的一部分，那么人工成本就会降低到原来的一半，甚至更低。如此一来，新业务流程的投资回报率变为正值的可能性就很高。

为此，深度学习要如何进行图像识别呢？这时就可以使用混淆矩阵。

表 3-2 是在前述厚生劳动省科研所项目的初期，用大约 30 000 个淋巴结的分割图像进行学习后用 8073 张测试数据对精度评估的结果。共分为四种类型的图像：泡沫脂肪粒部分（bubble）、健康部分（healthy）、肿瘤部分（tumor）和没有任何显示的空白部分（white）。

表 3-2　　　混淆矩阵完成学习后的深度学习系统的测试结果

	泡沫脂肪粒部分	健康部分	肿瘤部分	空白部分	精度
泡沫脂肪粒部分	644	8	0	98	85.87%
健康部分	14	1666	14	0	98.35%
肿瘤部分	2	75	3161	0	97.62%
空白部分	1	0	0	2390	99.96%

使用的原始图像是 9 亿 ~ 36 亿像素的巨大二维静止图像，它被称为全幻灯片图像（Whole Slide Image，WSI）。它的规格与 JPEG 等不同，取决于成像设备制造商。在压缩状态下，一个静止图像的大小可能接近 2000 兆字节。

因为诸如 MRI（磁共振成像）等图像是水平垂直方向各 1024 像素，虽然易于 AI 处理，但如果要作为深度学习的学习数据则需要花一番功夫。

在使用深度学习系统时，数据量在输入到输出的过程中每过一层都会被削减，只有含有细节特征的部分被保留了下来。当处理高分辨率的图像时，如果整体压缩就会导致细节特征消失，同时图像形状会发生各种变化，而这些变化毫无意义。

因此，我们老老实实地把图像划分为图块（许多小图像），让静止图像分类 CNN 进行学习，结果如表 3-2 所示。

混淆矩阵表示目标真实值（ground truth）的判定值（概率值）。表 3-2 是测试结果的总结。

从结果可以知晓，"泡沫脂肪粒部分 - 泡沫脂肪粒部分"（标注为泡沫脂肪粒部分的图像识别的结果为泡沫脂肪粒部分的比例），"健康部分 - 健康部分""肿瘤部分 - 肿瘤部分""空白部分 - 空白部分"识别结果与标注相同的概率最高。精度最低的"泡沫脂肪粒部分 - 泡沫脂肪粒部分"也有 85.87%，其余为 97% 以上。虽然输入的数据量不大，但输出的精度很高。

识别结果与标注不同的混淆比例又如何呢？"泡沫脂肪粒部分 - 健康部分"的比例低至 8 /（644 + 8 + 98）= 1.0%，但"泡沫脂肪粒部分 - 空白部分"的比例则有 98 /（644 + 8 + 98）= 13.0%。可能是因为脂肪颗粒图像中只有一个球形的轮廓，与空白部分没有太大差别。

即便如此，这种情况是"肿瘤"之外的分类间的混淆，所以在实际场景中不会产生大的问题。因此，没有必要把"泡沫脂肪粒部分 - 泡沫脂肪粒部分"所占的 85.87% 勉强提升。使用 AI 时，一般情况下业务流程会复杂化。充分运用混淆矩阵数值对避免无意义的过度细分，防止生产率下降，有很好的效果。

即使 AI 将健康、空白、脂肪粒的图像错误地识别为肿瘤，只要医生全部确认一遍就没有问题。或者可以将其视为需要二次检查——精密检查。测试结果中，"泡沫脂肪粒部分 - 肿瘤部分"和"空白部分 - 肿瘤部分"的结果均为零，"健康部分 - 肿瘤部分"为14 例，只占整个健康部分的 0.8%。

考虑到最终目标是诊断患者患癌症的可能性，因此要考虑"将肿瘤识别为健康部分"与"将健康部分识别为肿瘤"哪个后果更严重？

从诊断结果的正确性而言，无论是把癌症误识别为健康，还是把健康误识别为癌症，都是问题。在后一种情况下，会发现无法向患者或家属展示确切的证据，估计此时误诊就会被发现。而在前一种情况下，如果对新的工作流程毫不怀疑，完全信任 AI 的判断并且医生不再检查 AI 的判断结果，那么就会失去发现癌症的机会，从而错过最佳治疗时期。

如果医生对 AI 的判断全部检查，那么生产效率会如何？在上述例子中，8073 张图像中有 8 + 1666 + 75 = 1749 张照片被识别为健康，占总数的 21.7%。同时考虑到即使人工检查发现 AI 识别错误时，后续工作与其正确识别时基本相同，因此，目视检查工作所花费的时间也能大幅减少，预计能使视觉检查工时减少 80% 左右。

负责检查 AI 识别结果的医生不会像以往那样观察样本整体，而只会把切分出来经过 AI 识别后的图像在屏幕上放到最大来查看。

这要比以目视方法对样本整体进行查看更省时省力。

因此，如果医生的误识别率（错误地将肿瘤诊断为健康的概率）等于或接近 AI 的 4.29% 的话，那么使用 AI 后新的工作流程可以提高生产率，同时通过 AI 与医生的双重检查，整体的诊断精度也会得到提升。

▲　用附有概率值的判定结果将分支条件精细化

用 AI 对未知图像进行识别和分类时，计算概率值前 5 位是哪种标签？图 3-6 显示了附有概率值的三种分类结果。

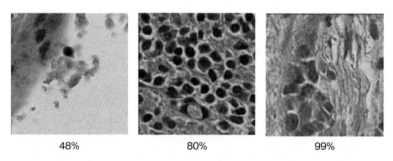

| 48% | 80% | 99% |

图 3-6　人工归类为"健康"但被 AI 识别为"肿瘤"的图像及其概率（AI 的置信度）
资料来源：元数据公司。

概率为 48% 的图片显示的是淋巴结的外围。如果使其继续学习，那么可以将其归类为与正常不同的另一类"健康"即可。但是因为它的概率很低，我认为即使保持现状也可以，不做进一步分类，优先作为由医生目视检查的对象。

概率值为 80%、处于中间的图像略微失焦，本来是正常的细胞，但是被误识别为肿瘤。如果把概率值为80%或更低的所有识别为肿瘤的图像作为医生目视检查的对象，那么基本能避免遗漏错误的识别结果。

最右侧的图像被识别为肿瘤的概率为99%，很可能的确是肿瘤。评估AI时，要当心制作样本数据时的失误导致AI误识别，因此样本本身一定需要人工进行检测后再让AI学习。例如，在拍摄样本图像时因为载玻片离镜头过近，或摄影设备部分／全部对焦失败而使得图像变得模糊，就会导致AI把健康的样本图像识别为肿瘤图像。

更要当心的是AI把肿瘤误识别为健康。这样的情况在前面的例子中，有77例（占所有肿瘤图片的2.38%）。图3-7显示了具有不同概率值的三个图像。

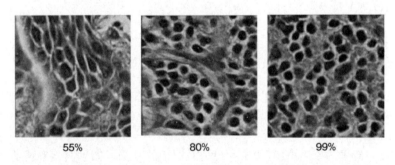

55%	80%	99%

图3-7　人工归类为"肿瘤"而被AI识别为"健康"的图像及其概率（AI的置信度）
资料来源：元数据公司。

这些图片具有相似的特点，都类似于毛细血管。要对这些图像进行正确识别，最直接有效的解决方法是将包含相似图案的共通模式（实际上包含肿瘤）切分出来设置为另一种分类，并让 AI 重新学习。通过重复这种细分和学习，可以将这种类型的误判减少一个数量级。

上述附有概率的识别结果，是元数据公司将 NVIDIA 公司出品的深度学习工具 "DIGITS" 改进为 "DIGITS+" 使用，并结合 GoogleNet CNN 构建的深度学习环境后得到的识别结果。该结果提示了样本数据的二次分类与细分具体该如何进行，同时可以作为精度改善时的线索。更重要的是，在设计新的业务流程时，能够根据概率值精确地定义相应的后续工程。

上述提到 AI 识别为健康的结果都需要让医生进行二次检查。在这种情况下，意味着要对整体的 20% 进行目视查看，所以无法将生产率提高 5 倍以上。

因此，可以将概率值超过一定值（如 80%）的识别结果从二次检查的对象移除。如果设定的概率值低于人类医生的误诊率，那么使用 AI 后的新业务流程就有实用价值。

人类的失误与 AI 的错误的内容和本质并不相同。为了使 AI 应用能够获得广泛支持，并消除患者和相关人员的不安因素，将上述阈值概率设定为低于人类的失误率水平非常重要。

对于被 AI 识别为健康的图像，因为其中会包含部分误判，可按照概率值划分为 "只需简单检查""需仔细检查（或者由专家检查）"的不同种类。这样能减少工作时间。

▼ 根据置信度对处理结果进行场景分类

在产品的外观检查中，如果合格品被误识别为次品的概率足够低，那么可以选择将被识别为不合格的产品一律废弃。虽然这样的做法会导致部分事实上的合格品被废弃，但只要概率足够低（如1%），那就仍然比逐个二次检查更有效率。所造成的损失只要低于对它们进行鉴别需要的人工成本，那么切换成使用 AI 的新业务流程就没有问题。

使用 AI 进行产品检测时，针对每一个可能有缺陷的产品，AI输出为次品的概率值（置信度）各不相同。我曾经遇到过一个案例，使用标准工具构建的一个 AI 系统，无法将此概率值传递给负责后方工程的业务系统。当时我们公司的团队对系统进行了修改，存储了概率值并添加了 CSV 文件，可以将其输出到生产／检验线中。

在使用 AI 进行外观检查前，通过连续性测试检查电容和电阻值是否在允许范围内。在检查所得结果的基础上，对数值处于边界的产品使用 AI 检查。这种业务流程也是可以考虑的。在这种情况下，当导电的状态存在异常时，可以让 AI 对该异常附上概率值输出，以此结果判断该产品是否可以交付。

当建立多个概率值阈值时，有必要按使用场景选择不同判断标准。即使是相同的产品，对于预备适用于特殊环境的产品，判断能否交付时也要有意识地选择更高的合格品概率值。一直以来，以人眼检查产品是否合格都无法实现定量判断（例如，"合格品的概率达到97.4%"）。因此上述按使用场景选择不同标准的方法，可以说是应用 AI 后带来了新的可能性。

当然，这种概率不一定完全正确。为了评估 AI 的可靠性，我们应不懈努力，通过将 AI 所判定为正确的结果与样本数据做对比，对其精度做持续性评估。

如果按使用场景选择标准的做法能够成功，企业将会获得巨大收益。按照 AI 判断品质的等级选择交付对象客户，或者通过品质级别调整售价的做法也可以实现。

到目前为止，说明的"精度"是一个非功能性要求。在传统 IT 领域中，没有对此进行过多讨论。在未来，为了真正将其落到实处，我认为在人文科学、社会科学、工程学和医学领域中从事对实验精度做评估的研究人员的观点和想法，以及他们提出的方法会极有价值。

另一方面，为了充分利用混淆矩阵和识别结果的概率值（置信度）来建立业务流程，并结合与降低成本和质量控制相关的经济因素进行决策，需要融入企业家与经营人员的观点。同时需要具有研究人员与经营人员双重身份的负责人来推动 AI 部署项目。有这样的负责人组建团队，带领大家重建业务流程，AI 应用的成功率将大幅提升。

具有研究人员和经营人员双重身份的负责人可以促进 AI 的应用，并指导必要的业务系统的改进和工作流程的修复，从而增加 AI 在业务现场成功应用的可能性。

除上述以外，还有许多方法可以帮助我们使用混淆矩阵和概率值来设计业务流程，并将精度提升至实用的水平。那么当我们观察混淆矩阵数据的概率值分布时，如果发现置信度排第一位的结果也只有 30% 或 40% 的概率，我们应该如何应对？推荐的方法如下。

1. 把处于被误识别与正确识别的边界（即使人类来识别也可能会弄错）的产品划分为新的类别；
2. 对外观不同的产品进行更为细致地分类；
3. 当背景图是图像噪声（image noise）时，拍摄差异图像以消除背景，并将其作为 AI 的输入数据；
4. 如果特征部分相对于背景图像过小，可以尝试将 AI 的架构进行大规模改造来应对。例如，把识别过程分为对象检测（区域检测）和对象名称识别两个阶段等。

当合格品的外观固定时，使用方法 3 有效。但实际上，合格品的轮廓会有细微的差异，这些差异本身并不具有意义。例如，日食的环形图案会被作为特征提取。

因此，要在数据量有限的情况下获得较高精度，那么可以尝试创建已经学习过大量相似背景图像的预训练模型，或者在模型园地进行探索。其实这就是第 1 章中图 1-6 所示的迁移学习。

▲ 为每个样本或医疗机构设置最佳精度

在上述的淋巴结肿瘤检测的混淆矩阵中，健康部分和肿瘤部分之间存在不容忽视的混淆。因此我们设定了一个目标，旨在当病理

标本被切割成数万个 256 像素的图块图像时，AI 对其的识别结果
产生严重误判的概率，即将肿瘤识别为健康的误识别率降低一个数
量级。

然而，在现场的实际运用中，可能无须将每个图块图像的识别
精度提升到上述水平。在淋巴结案例中，肿瘤的范围仅有一两块图
块大小的可能性几乎为零。在大多数情况下，肿瘤会涉及相当广的
区域，图块数量会达到数百块。

因此，我们尝试将肿瘤的概率值高的图块覆盖在样本的二维图
像相应的位置上。这样一来，如果每个图块的肿瘤判断精度达到
98%，可以说误诊的可能性几乎没有。因为如果处于肿瘤边缘的图
块被识别为正常，处在肿瘤内部的图块一定会被正确识别，所以即
使部分实际为肿瘤的图块被误识别为正常，整体的精度也不会受其
影响。

在图 3-8 下侧，显示了每个图块的识别结果中，排在前五位的
概率值。在 AI 判断结果的 GUI 中，从这前五位的概率值中提取"肿
瘤"的概率值，并根据该值以浓淡程度不同的红色显示在样本图
像上。

切换浓淡程度的初始边界值设置为"0% ~ 20%""20% ~ 40%"
"40% ~ 60%""60% ~ 80%""80% 或更高"。边界值和边界宽度
可以通过应用程序任意改变。该操作可以实现用概率值更可靠地将
肿瘤部分直观地表现出来。它使用方便，在未来有可能成为针对各
样本或医疗机构的病理诊断辅助系统，非常值得期待。

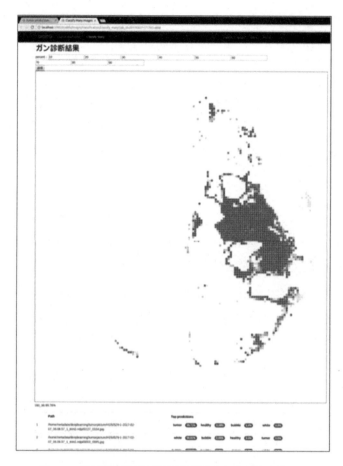

图 3-8 将识别后的淋巴结图块排列在标本图像上的 GUI
资料来源：元数据公司。

　　作为该系统在医学现场的试验性应用，我们正在考虑开发能够将图块的轮廓线按概率值以不同浓淡程度表示出来的 GUI。同时，我们计划针对需要引起注意的图块，将识别的概率值显示在其边缘上，让它作为追加学习的反馈数据来提升系统精度。

⊿　对 AI 纠错的意义

即使 AI 能够利用精确率和召回率的设定，以与人类相同的水平来完成识别和分类任务，但识别结果产生错误的性质也可能与人类的识别错误大不相同。即使每个分类的平均精度是相同的，混淆矩阵的内容（误识别的结果）也不相同。AI 和人类的识别错误通常会在数量和质量上都不相同。

人类医生在对病情进行识别和分类时，会运用所学过的各种知识，加上过往的经验，患者体温以及问诊时患者的语言、表情、声音等图像以外的大量信息，并进行逻辑性思考，最终得出结论。即使只观察图像资料，也会按照一定的逻辑，按顺序观察图像的各个部分。而深度学习是将所有的像素同时进行罗列，提取出各个部分的特征。虽然这样的算法参考了人类的视觉认知过程，但它识别过程的性质与人类截然不同。

在千兆像素（10 亿像素）级别的巨大病理图像中，尽管细胞看起来彼此相似，但是其中有的是癌细胞，有的是健康细胞（包括良性肿瘤的情况）。在这种情况下，肿瘤专家会观察对象细胞周围的情况仔细诊断，这个步骤是不可避免的。因此，在使用 AI 进行肿瘤识别时，如果仅凭图像可能发现不了特征的差异，就要使用能够结合其他相关信息进行识别的 RNN 或者 LSTM。

另一种做法是，如果要在庞大的图像中观测单个细胞，可能很难察觉癌细胞与正常细胞的细微差异。此时，AI 与人类医生的不同之处在于，AI 可以把单个细胞图像放大到纵向横向都为 256 像素的大小，用 CNN 对所有的像素进行识别，捕捉特征。使用这种方法可以获得等同或者超过人类医生的精度。

即使同一个医生在诊断时对图像的判断也会不同，同一个领域的专家医师间的意见也会有分歧。我曾目睹过两位日本主要病理学家，面对某个放大的图像，对它是正常细胞还是恶性或良性肿瘤争论不休。

另一方面，AI 具有优异的再现性，可以输出置信度（概率）的具体数值。但是不同的学习方法会产生不同的结果。选择 AI 时，即使精度相同，也需要从误识别的程度与分布是否让人类评估者更能接受，或从返工成本的角度来进行判断。

AI 和人类的失误类型不同绝非一件坏事。从双重检测的角度而言，失误内容重复越少效率越高。重复越少，双重检查在新业务流程中的运用就越有效率。

AI 输出的结果中，会存在人类绝对不会犯的错误。有人因此抓住了 AI 的把柄，认为"AI 毫无用处"。不仅是图像、声音识别和分类领域，还是文本解析与游戏（如围棋、将棋）等领域，对于 AI 也都存在这样质疑的声音。

人类很善于追究机器的失误，执着于寻找它的漏洞。但因此否定 AI 的能力而排挤它是不可取的。如果没有 AI，许多繁杂无聊的手工作业会永远存在。勉强保留生产效率极低的业务流程只会降低企业的竞争力。能够发现 AI 的失误，恰恰是双重检查有效的结果，应该值得庆幸。积极地应用 AI 才是我们现在及今后应保持的态度。

⊿　**如何评估聊天机器人的准确性**

让我们换一个话题，来谈谈聊天机器人的精度。企业很少发表含有具体数据的聊天机器人产品的精度报告。在这里，我们将以元数据公司的"网络接待员"为例（见图 3-9）。

"网络接待员"是一个聊天型机器人，通过对话从产品线中选择某个产品或服务推荐给用户。如果用户提出无法解答的问题，其就会搜索维基百科中的相应内容，针对用户的提问加以说明。

不仅如此，聊天机器人还能够按用户的指令发送 PDF 文件，或者将行程、档期、约会时间自动登记到 Google 日历中去①。

图 3-9　元数据公司开发的"网络接待员"

图 3-10 显示了网络接待员的对话上下文的示例。它是对当日（2013 年 1 月 31 日）实际发生的对话日志的再现。

---

① 这些功能使用元数据公司开发的"5W1H 元数据提取 API"。它从文本中提取日期、时间、地名、人名等事件的原始数据，数值化、规范化后返回。

网络接
待员

感谢您访问元数据公司的网站。 我会就您提出的问题进行提问，请您回答。请问，您对社交网站有兴趣吗？

有的。

访客

您在寻找某种社交网络服务吗？您是希望社交活跃度还是要提升网络安全措施？

我现在关心网络安全。

请问您使用的社交网站是 Twitter、Facebook、微博中的哪一个？

这些网站我都比较关注。

好的！我们为您推荐的产品是 FaceSafe 99、WeiboSafe 99、TwitSafe 99！最短三个工作日内可以设置完成。可以自动检查特定关键字和特定用户发布的信息。现在，在屏幕上显示了FaceSafe 99 的详细信息。可以通过电子邮件发送相关材料给您吗？

好的。

谢谢！我们将根据在开始前得到您同意的个人信息处理规则（将在其他画面显示）进行处理。您能否告诉我姓名和电子邮件地址？

名字是铃木花子。邮箱是hanako-s@metadata.co.jp。

非常感谢。我们发送了一封附有 PDF 文件的电子邮件，请您确认。请问您还有其他问题吗？

我想了解一些有关你的情况。

是关于我的情况吗？我在屏幕上显示了有关接待员的详细信息，包括预定在 5 月 15 日举行的聊天机器人应用研讨会的信息。如果您不介意，我可以将这些内容通过电子邮件发送给您。

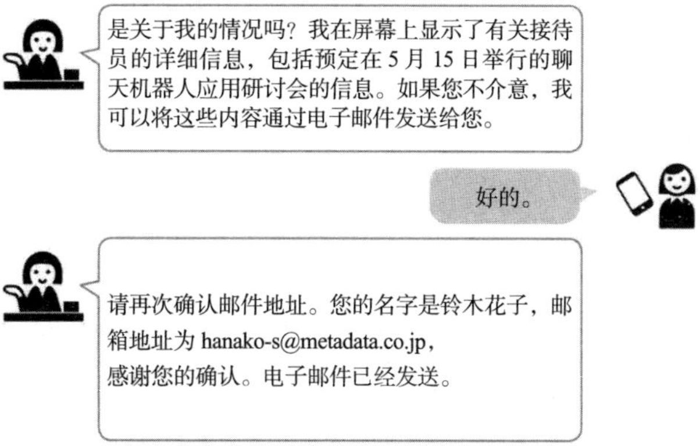

好的。

请再次确认邮件地址。您的名字是铃木花子，邮箱地址为 hanako-s@metadata.co.jp，感谢您的确认。电子邮件已经发送。

图 3-10　"网络接待员"的对话示例

网络接待员采用了"尽可能用长句提问"的设计思想。因为如果需要人类用户在 Web 端输入很长的文字主导对话会非常不方便，所以就由网络接待员使用长句发起话题。

聊天机器人通常被动地接受用户提问。然而，网络接待员自始至终都会积极地向用户提问，从问答中聚焦目标信息。

目前，有一些小型创业公司准备使用网络接待员。大部分情况下，来访的用户对于企业和商品一无所知。网络接待员在这样的前提下进行初期对话，然后根据问答的内容随时变换内部状态，最后打开主页，向用户推荐产品或服务，或向用户确认邮件地址后发送PDF 资料。

为实现这一目标，我们控制着网络接待员在整个过程中进行交互的环境。如果用户的回答包含恰当的信息，网络接待员的正确率就能超过 95%。

网络接待员不使用深度学习。它是一个脚本驱动的交互式机器人。它使用有限自动机①来进行两段构成的上下文控制。在有限的对话场景中，它能够充分展示能力。而作为提高召回率的措施，我们正试图通过利用包括维基百科在内的外部资源，来形成开放式交流以充实对话。

对话的自然程度难以用数字方式评估。作为综合评估方法，可以采用 5 级主观评价的平均值和方差（多个评价者的意见分歧程度），或计算对话不成立的次数，并量化其比率的方法。但我认为这些方法都缺乏再现性和客观性。但是，由于对话过于不自然会导致用户流失，因此评测工作本身是不能放弃的。

如果要测评对话的部分片段，可以忽视上下文，仅评估局部的一问一答的匹配度。如果对于同样的问题，机器人的回答能够与某个预期答案相符，那么就可以认为该对话匹配度高。可以将机器人的回答以单词为单位（允许字序不同）与准备好的标准回答进行对比，评估一致程度与覆盖程度，这样就可以自动计算精确率和召回率。

同时也要对回答是否符合语法逻辑这样基本的方面进行评价。在未来，如果 AI 能理解某些概念结构和数字表并能够自主创作文章，那么这样的评价就会变得尤为重要。

2000 年左右，我设计了一个评价文章归纳产品的基本质量的标

---

① 有限自动机是指将有限的状态、迁移、行为进行组合并模型化。

准，用以评估能够自动对文章进行归纳的软件产品[①]。结合当时制作的标准，我重新考虑了有关聊天机器人问答品质的评价标准。

可读性：文法结构是否正确；

准确性：语句含义是否成立；

忠实性：回答内容是否与问题相符；

充分性：回答是否包含了所有被问到的问题；

简洁性：回答是否包括重复的内容。

这里的忠实性可以是一个相当广泛的标准。只要问题文本涉及 5W1H（When、Where、Who、What、Why、How），回答就必须包含这些信息与之对应。

在综合评价整个对话过程时，除了"对话过程的自然性"之外，从它是否符合对话目的的角度来看，可以尝试从以下观点进行评价：

- 达到解决用户问题的程度的概率；
- 为无明确目的的访客找到某些有价值的提示或成果的概率。

我认为这样对量化评估方法的摸索，对于促进新的商业价值的创造是有积极意义的。

⌃　用"对话成立度"对精度进行定量评估

对于网络接待员而言，它的任务是在当前网站上为客户找到

---

① 当时正在开发的是 Just system 公司的 "CB Summarizer" 产品。

最适合的产品或服务。目标是通过电子邮件发送所选产品和服务的PDF 文档。如果在后续调查问卷中向客户确认是否获得了实际想要的产品或服务，就可以对它的精度进行适当的综合评估。从商业角度来看，更重要的是是否解决了用户的问题，而不是对话是否自然。

用于美容院的接待型机器人需要完成的目标是与其他机器人协同工作，即时共享预约信息，以免重复预约。销售型辅助机器人则主要通过相关工作人员的日历或电子邮件来确认他们的时间安排，引导客户完成预约手续，这是它的评价要点。

就目前的技术水平而言，聊天型机器人时而会发出荒谬的回答，或由于无法正确理解用户的意思，一味地请用户换一种说法重复描述，这些情况都可能会发生。"对话成立度"就表示了这些情形发生的频率，是评估精度的一个定量指标。对话不成立主要是因为能够应对的话题不够丰富，因此"对话成立度"也可以说是一个评价覆盖率的指标。

"对话成立度"这一点非常重要。许多用户会因为答非所问而放弃对话。其中有相当多的人不会再使用这个对话服务。甚至会导致对所有的聊天机器人都丧失信心。

荒谬的回答会让普通的用户流失，而熟悉 AI 的用户会看出这是由于"分歧条件设置得太随意"或"深度学习选择了不恰当的备选答案"而使用户失去了使用的兴趣。

聊天机器人无法长时间保持一种拟人的状态。如果能限制应用领域和使用场景，限定使用的目的，那么精确率和召回率的提升和综合评价标准的明确就会变得更容易。据了解，三井住友银行采用的 IBM 的 AI 系统沃森的问答组合精确率已经达到 80% 左右。

在这个案例中，对话界面的评价不是重点，主要着眼点是背后的知识搜索（如同 FAQ 般整理后的结构性信息的匹配）。其中，只用到了很少的预设问答组合却达到了较高的精度，让我非常敬佩。

纵观国外智能音箱，它的对话和语言表达的模式虽然不多，但依靠大量用户行为的大数据，能够实现与用户的高质量互动。

如果试图在自然语言处理中使用深度学习，那么所需的学习数据须超过 1 亿条语句。因此，聊天机器人要实用化，在后端链接外部的知识库、产品数据库和库存数据库才是关键。

参照维基百科的页面，并将有用的信息归纳后反馈给用户，就是一个利用外部知识库的很好的案例。聊天机器人只要能够调用如能查询天气预报、股价、汇率信息以及交通拥堵信息的 API，用户就可以自由地通过它获取所需信息。对于被用作个人信息助理的聊天机器人而言，这些 API 都是有意义的。

▲　参考信息技术架构库改善业务流程

AI 的引入是一个重建工作流程的机会。所以，应该以此为契机，对沿用至今的陈旧工作流程进行再次审视。

追究每个工作流程的成因，并明确其本质上的制约条件非常重要。这个工作如果做得不充分，那么就无法明确引入 AI 后新工作流程的改善方向。

但是，有些情况下，工作流程的一部分或全部都运用了隐性知识，很难明确其过程，此时该如何改进呢？在这种情况下，一种方法是参考信息技术架构库 ITIL（IT Infrastructure Library）v2 来推动现有的业务流程显性知识化。

业务流程是公司内部的服务生产和服务交付机制，它可能跨越多个业务部门和企业。ITIL v2 展示了一个服务管理模型，包括服务生产和服务交付。通过将当前业务流的组件和流程映射到这些模型，可以使工作流程变得可视化[①]。

虽然 ITIL 主要以 IT 服务为对象，但它依然可以应用于其他行业。图 3-11 是为某医疗信息系统开发项目而制作的"IT 服务与医疗服务流程中的利益相关者"比较图。

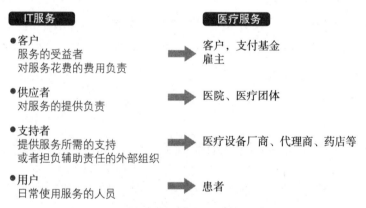

图 3-11　IT 服务与医疗服务流程中的利益相关者

---

① 有关 ITIL v2 的信息可以在各种书籍和文档中找到。例如，总务部提供的作为地方政府 CIO 培训材料的《ITIL 知识和应用》。

　　这样就能够尝试将 ITIL 的各种服务管理流程中的服务提供方与受益方的关系，投射到医疗服务中去，实现基于 ITIL 的服务管理模式对医疗服务进行分析。

　　在上述的医疗信息系统开发项目（Web 医疗会计系统）中，运用 ITIL 对医疗服务进行分析的目的在于完成系统的开发。而在其他的案例中，比如分析医疗服务的现状、规划医疗服务今后的发展方向时，与 ITIL 做对比的方法也有很大的价值。

- 当前医疗服务管理中缺乏哪些管理模块？
- 医疗事故（危机管理）报告和信息共享的体制应该是怎样的？
- 医疗服务质量（不是个人诊断和治疗本身的好坏）的评价指标（KPI）应该如何系统性地引入？
- 在 ITIL 中集中管理的客户关系管理（CRM）和服务台功能在医疗服务中是否充分发挥了作用？

　　例如，在有些大型医院里，医疗费用核算窗口与支付窗口是分开的，因此患者可能会不清楚该去哪个窗口。以 ITIL 的标准来说，这样的情况属于服务和支持的架构没有明确提示给客户，因此很可能会得出"要加强服务台的角色和责任"的结论。

　　如果要因此增加服务台的人员，还有可能会出现"花费这样的成本不合算"或"服务台的工作很无聊没人会愿意干"这样的反对意见。在这种情况下，可以使用类似于聊天型机器人这样的 AI 来作为应对的措施。

与此同时，还要考虑医疗服务的独特性。例如，在医疗团队中的成员有医生、护士、放射科技师等，这样细致分工的体制，在其他行业中很少见。

订单系统就是应对这种分工的 IT 基础系统。订单系统中的"订单"成为触发器，让不同分工的人员能够互相协作。例如，在医药分离的体系下，医生与药剂师的工作几乎各自独立，但在"订单"这种媒介下，两者会协同工作为患者服务。此外，指导患者饮食习惯的营养师、关照患者精神状态的社工，也是患者使用公共制度和民间设施的媒介。

医疗的核心部分横跨订单系统、医疗费用核算系统、电子病历系统，存在数以万计的限制条件。这些限制条件是根据医疗费用制度（即基于医疗保险的医疗费机制）和此制度中包含的各种依存关系、医学知识、经济性来制定的。

医疗服务中的安全性也与普通的商业服务不同。例如，存在医学图像的使用规定等旨在保护患者个人信息，防止患者身份被识别的法律制度和规定，还有专门的伦理委员会。

另一方面，医疗机构也会使用普通的 IT 工具和基础设施、普通的硬件和软件。因此，ITIL 中预测到的风险和危机管理措施也同样有效。

▲ 让 AI 学习特殊情况下的数据

今天的 AI 对于特殊情况的应对能力并不高。如果只让它学习正常状态下的数据，而将特殊情况下的数据（置信度的概率值较低的数据）作为例外，这种"半监督式学习"会导致 AI 很难应对未知的事态。

如果有一个将"危险隐患案例"（ヒヤリハット事例集①）数字化之后记录各种例外情况的数据库会怎样呢？让 AI 学习这个数据库中的数据将有助于提升 AI 对各种情况进行分类并寻找原因，输出应对措施的能力。无论效果是否突出，至少对于提升责任感、追究工作的效率和准确度是有意义的。即使只从数据库的文本中提取 5W1H 信息，让 AI 对比目前的情况与过去案例的相似度，对于现场也有很大的帮助。

"症状""原因""处方"不只存在于在医学领域，几乎在所有的事件中都存在。如果它们可以用深度学习的数据结构来表示，并且让 AI 大量学习其对应关系，那么就可以提升业务现场的工作效率。AI 可以输出现场人员难以想到的结果（提高召回率），在存在大量可能性难以确定时按概率值的高低列出所有结果，帮助人类更快地找到最优的结论。

但是，与为图像监控创建样本数据一样，异常情况的数据比稳定状态下的数据少得多，数据收集和维护将成为瓶颈。

我们该如何应对诸如事故和突发事件等特殊情况？又该如何更新临时措施和永久性对策（如重建应对的机制等）？ITIL 的各种

---

① "ヒヤリハット"原意为惊吓。在日本的企业中，尤其是制造行业，将发现制造过程中容易引发事故的安全隐患并制定防范措施的过程称为"ヒヤリハット"。

模型给出了很好的提示。ITIL 作为以人类为主体的管理框架，将它的服务台（综合接待窗口）和配置管理数据库（所有相关数据的保存与管理）作为基础，思考在以 AI 为主体的管理框架中，相应的服务台和配置管理数据库的机制是非常有意义的。

利用 ITIL 这样的业务管理、服务提供的标准，在自上而下审查现有业务流程的基础上设计引入 AI 后的新业务流程，这样的方法很有意义。正如上文提到的，通过对现有服务建立模板来找到引入 AI 的启示的可能性极大。如果有效地使用覆盖所有业务和服务的标准，就能够将引入 AI 后的业务流程可能产生的瑕疵防患于未然，并保持业务流程的一贯性和平衡性。这将提高生产效率（降低每个产出的成本），提升服务水平，扩大服务范围，提升受益者的满意度。

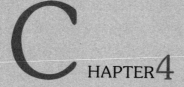

HAPTER4

第 4 章

AI 部署的实例

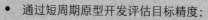

- 通过短周期原型开发评估目标精度；
- 样本数据的制作以及专业人士的参与是成功的关键；
- 深度学习需要使用高性能的 GPU 硬件。

在日本总务省发布的《信息和通信白皮书（平成 29 年版）》中有一篇主题为"数据驱动经济与社会变革"的专访。该专访提道，在互联网社会中，企业活动和个人生活已经离不开电子数据。大数据因此兴盛，而将计算资源和信息资源的储存转移到云端已变得司空见惯。

在经济模式方面，相比"可支配收入"，消费者更关注"可支配时间"。这种关注程度以及从"享受商品"向"享受服务"全面过渡的"共享经济"的存在感也在不断增强。共享对象既有个人汽车，也有类似将私人住宅改为民宿的案例——"床与早餐"（bed & Breakfast）。"床与早餐"原本是个人将房屋租给他人住宿时的谦称，意为只能提供床与早餐，这一传统在美国流传广泛。民宿平台爱彼迎（Airbnb）可以称得上是这一传统的网络版。

此外，许多网上市场的应用程序可以让使用者在线上进行物品交易和购买门票之类。这类 C2C 交易也可以被视为一种共享。在上述章节中介绍过的自动驾驶车辆，在有限的区域和线路内，作为可以共享的出租车也已经变得非常现实。

▲ 企业的数字化

AI 具有加快上述共享经济的普及，改变产业结构的巨大影响力。这种影响力并不只局限于单个机器或市场，它使得运用 AI 后的新业务，乃至整个社会的运行都需要被重新设计。

这就是为什么使用 AI 自动驾驶并非只是将汽车这一产品结构改变了，而是改变了与汽车相关的整个产业的结构。具有自动驾驶功能的汽车使用的 AI 系统，有一部分会用在与交通信号灯和物联网（Internet of Things，IoT）化的交通标志、嵌入传感器的道路进行通信联结的系统中。

如果要让这些车载 AI 也增加监控全局交通网络、根据各处堵塞情况规划行驶路线的功能，那么在云环境下使用这些 AI 再合适不过了。

在数据驱动型经济下，企业能够真正实现数字化。工业 4.0[①]的规划中，有关工厂设备由 M2M（机器对机器）技术实现自动控制的内容让人印象深刻。但是，就经济社会整体系统变革的意义而言，通过使用 API（应用程序编程接口）实现企业间合作的自动化，从而优化流通和交易，这才是更接近本质的变革。

与触手可及的 IoT 相比，"企业 API"是抽象不可见的，也许令人难以理解。但是，我认为使用 API 实现企业的数字化比 IoT 更令人兴奋。

所有的企业都拥有自己的 API，除了与交易相关的信息，所有

---

① 所谓工业 4.0（Industry4.0），是基于工业发展的不同阶段做出的划分。按照目前的共识，工业 1.0 是蒸汽机时代，工业 2.0 是电气化时代，工业 3.0 是信息化时代，工业 4.0 则是利用信息化技术促进产业变革的时代，也就是智能化时代。工业 4.0 是德国政府的一项旨在推动制造业的举措，其中物联网扮演着重要角色。——译者注

可以数字化的商品与服务都通过 API 进行交付的时代是否会到来？如果有这样一天，那么 API 经济就会到来，所有的经济活动与企业社会没有 API 将无法运转。

在 21 世纪 10 年代，上述社会尚未到来，还需一些时日，但比起 2000 年谷歌地图刚诞生的年代，有偿使用 API 的价值观已经有了广泛的渗透。

API 的种类非常丰富，既有以谷歌地图为代表，能够搜索并使用后台大数据的"内容提供类型"，也有从输入数据中提取和判断一些信息，进行加工处理后输出结果的"过滤器类型"。

配置在云端的 API 也日益增加。虽然数量不多，但其中一些具有学习功能，允许用户上传大量样本数据进行学习，并将学习后的识别结果输出。在 2017 年，这样的 API 实用性和可靠性尚且不高。但我认为在未来，比起将宝贵的样本数据交给第三方公共云处理的模式，在私有云或类似的环境中针对由物联网传感器不间断地自动收集、生成的数据进行学习和统计处理的 API 会成为主流。

⋏ 将 AI API 化后公开

理解上述背景后，让我们进入主题。前一章阐述了精度目标作为业务目标的重要性，以及通过在原型 AI 中使用小规模数据制作混淆矩阵等来设计新业务的流程。本章将介绍 AI 部署的具体实例，即所谓实现过程（implementation）。

内容包括如何建立公司内部的团队，深度学习所需的以高性能 GPU（图像处理器）为主的硬件和 OS、开发框架，各种研究机关公开的商用神经网络、中间件，以及预训练模型的迁移学习等应用实例与选择方法。

关于样本数据制作、精度评测、改善的具体工作场景，这些能够帮助大家理解 AI 开发的实际工作的环节，我们将会用前一章提到的厚生劳动省的科研项目为例进行介绍。

在数据学习阶段或 AI 部署完成后的运行阶段，AI 服务器应该部署在云端，还是本地，抑或是采用两者混合的模式，本章将以实例进行解答。并且以巨量病理诊断图像识别为例，说明在系统规划、器材和网络选择时该如何考量数据量与 AI 识别的频度。同时还会展示完成后的 AI 系统在向云端或外部公开时使用的 Web 应用开发框架。

在本章的后半部分，我们将阐述在构建 AI 并将其广泛转换为 API 之后向外界开放的流程和方法。在 API 目录站点中的注册方法也会一并说明。同时也会介绍最近在上述网站注册的日语语义解析 API 和深度学习应用 API 的实例。

API 公开后，由第三方实施的与其他企业的 API 组合测试的结果也会在目录网站发布，并被广泛地进行评估。如此一来，适合自己公司发布的 API 组合与最佳实践的经验也会被积累，自己的 API 的附加价值也会因此提升。

本章最后将会涉及构建完成的 AI 系统信息的安全措施以及对个人信息的保护。包括公开 API 后防止完成学习后的模型被盗用措施。除了被称为加密狗的 USB 设备，作为防止非法复制 AI 服务器的措施，我们将说明使用 AWS（Amazon Web Services）等云服务时的措施。

▲ AI 部署的战略以及企业内部体制

上一章将医疗服务与 IT 服务做了对比，梳理了业务流程中和企业利益的相关方。如果业务运营处于稳定状态，则这种方式没有特别的问题。

在 AI 的开发和部署项目中，利益相关方的整理就比较复杂。需要通过概念验证（PoC）和可行性研究（FS），对系统的实用性进行评估。在大多数情况下，AI 开发企业和管理咨询公司会参与到此过程中来。

同时，AI 开发项目并不一定是因为业务上的需求而开始，很多时候是源于经营管理人员的需要。例如，突然要求现场使用 AI 技术或者某种 AI 产品，于是现场人员开始寻找外部开发团队，或向公司内部的 AI 开发团队进行咨询。

不得不说在经营战略层面，这种情况属于本末倒置。但是无论项目起因为何，以 AI 为契机重新设计业务流程，进而提高了竞争力，也未必是一件坏事。

在这种情况下，要防止刻意把管理层指定的 AI 产品从 ROI 评价的对象中去除，或因为顾虑管理层而把 AI 开发项目作为例外而不设 KPI（关键业绩评价指标）评测。在这些问题中，包括管理层、财务部门在内，所有相关部门应该在项目开始前达成共识，无论项目起因为何，都需要将其目标向着健全的方向进行调整。

需要注意的一点是，用户企业的 IT 部门或研究组织并非一定是熟悉 AI 的专家。因此，造成许多 AI 项目的基础都建立在道听途说的理论或并不充分的理解上。

以深度学习为例，几乎不可能在初期就看到 KPI 和 AI 投资的盈亏平衡点。大多数情况是，只有准备了样本数据进行了一定程度的学习之后，才能知道系统会达到何种精度。

因此，在正式开发 AI 时，首先应该准备一笔较少的预算，用于制作与评估 AI 短期的原型。在此基础上，评估是否应该将其部署到对象业务中去。这个过程中重要的是需要有理解 AI 本质的专业开发团队参与。如果这样的团队无法在公司内部组织，就要考虑外部资源。

通过 AI 短期原型开发，可以理解样本数据与深度学习的特点，以及混淆矩阵的特征。在此基础上，就能有效预测系统上线后能够获得的精度和因此需要的预算规模。我不建议大家在没有明确目标的咨询上浪费时间和预算，而是建议所有相关人员阅读此书及我的另一部拙作《人工智能改变未来》。

图 4-1 是开发小规模 AI 原型时的工作流程示例。用户公司（图的上方）和开发公司（图的下方）合作共同推进项目。

上文中提到不要在咨询上花费时间与预算，是指应该避免在 AI 的理论学习与定性讨论上过度花费时间，同时脱离数据的采集而一味进行空泛主观的讨论，导致项目止步不前。

我自己的公司在 AI 开发的项目开始之前，会在与客户签订了严格保密协议的基础上，详细并深入确认对方目前的业务流程与课题，以此来捕捉对方最关注的问题和最重要的 KPI，目的是减少劳务费用，提升生产效率，降低产品不良率。同时，也会确认目前有多少可用的样本数据，今后还会得到什么样的样本数据，其品质和内容如何。

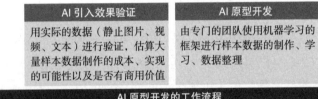

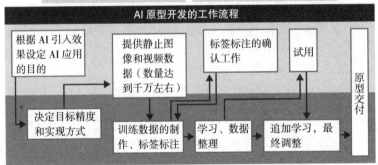

图 4-1　元数据公司在对 AI 开发项目进行支持时实证评估的流程
资料来源：元数据公司。

在此过程中与客户一同对所需数据和系统学习过程达成共识，并在此基础上从制定的 KPI 目标反向推导系统需要实现的精度，将其作为初步目标，以此来评估可实现性。如果判断可以实现，则立刻计算原型开发的费用，并且实施，最终交付。

交付报告中除了采用 AI、精准度和混淆矩阵等技术成果外，还列出了与事业计划相关的基本数据。其中包括今后正式系统学习所需要的成本，以及运行维护所需要的预算和体制，还有为了保证 AI 系统的计算能力所需要的硬件投入。

ARTIFICIAL INTELLIGENCE

企业 IT 部门能否担负起 AI 之重任

2017 年 4 月的《日经 SYSTEMS》（IT 专业杂志）发表了一篇专栏文章，名为《企业 IT 部门能否担负起 AI 之重任》，由 IT 咨询公司 INTRIGUE 的永井昭弘先生撰写。该文章讲述了在企业内部其他部门看来，理应担负起管理 AI 工作的信息系统管理部门面临的那些困惑。

要承担起 AI 部署和应用的重任，信息系统管理部门需要掌握传统的基干系统的重构及应用维护、企业内部网络管理等工作中无须涉及的新技能。而以 AI 的部署为契机，实现经营变革和全体员工工作方式的改革也是信息系统管理部门的新职责。要履行这些职责，需要信息系统管理部门变革自身，实现质的飞跃。

在上述专栏文章中，永井先生这样写道："如果以此为契机，原本内向型的系统管理部门进化成能够承担一部分经营责任的组织，那么由其主导 AI 部署项目成功的概率也会很高。"

如果信息系统管理部门能够不仅理解企业内全体员工的

需求，同时理解客户与合作伙伴、AI 开发企业等利益相关方的利益所在，在此基础上提出预算分配的方案，那么就能够引导 AI 部署项目顺利进行。

在 AI 时代，信息系统管理部门要实现质变，首先要意识到一点——变革。例如，要抛弃"系统开发前要制作完美的系统设计书"这一类陈旧的 IT 思想和习惯。AI 系统的开发项目几乎不可能在事前制作完善的设计文档，而深度学习在一定程度上属于一种渐进式的模仿，不需要以往那样复杂的系统设计。

信息系统管理部门不仅要理解这些理论，还需要通过原型开发等实践来增强切身感受，对这些理论进行消化，不然就可能按旧思维提出一些不合理的要求。例如，请 AI 开发企业制作流程图来说明数据学习完成后输入数据与输出结果的关系。这样一来，项目就会停滞不前。

我在上述几章中反复提到的精度，按旧的 IT 标准而言是一个不会被过多讨论的非功能性需求（non-functional requirement）。在部署 AI 时，为了更好地理解精度的概念，有必要努力涉猎详细记载精度评估结果以及解释的论文，仔细阅读其核心内容。

信息系统部门作为负责公司内部协调的部门，在 AI 部署时肩负着率先自我革新的重任。

例如，法律部门与 AI 开发企业签订开发合同时，基于传统做法，会要求对方对项目成功做出担保，如果精度不能达到 100%，就要担负巨大的赔偿责任。对于这类基于陈旧思维的合同内容和品质要求文档，或 AI 开发企业出具的 SLA（服务水平协议），信息系统管理部门有责任进行确认并负责与相关部门调整且做出合理的修改。在 AI 项目的推进过程中，企业期待信息系统管理部门能肩负起相应的连带责任，努力改进工作方式。

⊁　制作样本数据时的注意点

当试图为机器学习制作样本数据时，会面临一些困难。首先，尝试创建完善的用于查看、收听、感知、分类图像和声音特征的操作手册会很困难。

上文提到的苹果、橘子和柿子，以及不同种类的猫之间的区别都不能用数学公式、逻辑表达式和文章来尽述。要制作任何人都能形成相同理解（具有完全再现性）的样本数据设计文档是不可能的。

作为解决该问题的一个对策，以下的处理方式是有效的。在第一次使用少量数据进行学习时，请样本数据方面的高级专家负责制作。以此为规范示例，将专家的经验总结为文章或图形化的说明制作有关判断标准的说明手册。例如，对于某些病理标本，可以请能识别各种异常（包括肿瘤）的专业医师进行初期的判断，并将专家判断的标准可视化。

高级专家的费用高且工作忙碌，很难请他们长时间配合。在这种情况下，将其余工作留给制作样本数据的专业人员是切合实际的。这些专业人士被称为"标注者"，意为负责制作标签的人员。

无原则地完全遵守专家指示的标注人员是不称职的。遇到有异议的样本和标签，敢于向专家询问的态度非常重要。专家经常根据他们的经验知识下意识地进行标注，而当标注人员询问时就会考虑标注时的逻辑。这些逻辑哪怕只有部分能够通过文字或算式变成显性知识，对于样本数据制作手册的完善，并提升判断的再现性也是非常关键的。此外，即使是高级专家也可能会误判。标注人员的询问能够成功地发现这些误判的契机，促进标签的完善。

从高级专家到标注者的知识转移过程如下。以图像识别为例，首先专家大致判断为"是或否"等，并标出图像中作为判断依据的区域。而标注人员按该区域的外形、大小以及与周围图像部分的组合等进行分类的细分化处理。

高级专家的识别过程可能与 AI，特别是深度学习模型自动提取图像特征的方式不同。例如，专家会根据图像以外的线索，如患者的年龄、性别、体温、过去的病历、问诊时病人的回答等与图像完全不同的信息作为判断时的参考。而标注人员会努力发现那些不需要这些额外的信息就能够帮助判断的图像特征，对分类进行细分化。

高级专家除了指导样本数据的制作外，在标注人员遇到有疑问而难于分类的数据时，会负责做最终判断。标注人员与高级专家各自以不同的视角同时观察数据，进行讨论，这个过程对于改善样本数据的分类标准有重大意义。

用于深度学习的样本数据的分类标准属于理论与数学公式无法表现的隐性知识。而深度学习的过程则是将这些保持隐性状态的知识直接替换成模拟神经网络上的权重。神经网络本身就是处于黑盒的状态。因此，一般情况下，要通过理论性探讨来明确分类标准是困难的。

对于如何将样本数据的集合保持隐性状态正确复制到神经网络上去的问题，有待于今后各个行业积累详细的经验后找到答案。数据的结构化、组织化的方法论与经验和上述隐性知识向 AI 转移的问题，同样会左右企业的竞争力。

▲　标注人员进行的标注工作

为了开发能够精细检查各个部分的 AI，我们把每个这样的图像切分成数万张到数十万张 256 像素大小的方块，每个方块的边缘都与相邻的方块有 32 像素的重合。将这数万张方块图片，以"肿瘤""正常"等六种标签进行标注，制作用于神经网络（CNN）学习的数据集。

样本数据制作时的场景如图 4-2 所示。工作人员会同时用到高分辨率显示器和笔记本电脑。桌上放着操作手册和绿色标尺，外置 SSD（固体硬盘）。标尺是用于测量大屏幕上病理标本中肿瘤部分的范围。

被机械性切分出来的 256 像素的方块图片，每张都有相应的横、纵坐标。图片以 4 位坐标值命名为文件名，如"0124_0000.jpg"。

在这些图片中，肿瘤部分则由人工进行识别指定。

之所以采用这样有些麻烦的手续，是因为该项目直到第一年预算（第三次补充预算）被正式批准后才正式开始，而三周后就被要求报告成果，因此根本没有时间开发用于制作样本数据的工具软件。

图 4-2　在罕见癌症辅助诊断工具开发项目中制作样本数据的标注人员
资料来源：元数据公司。

在稍后的时间里，大部分样本数据制作过程都已实现了自动化。为了综合考虑整个流程并加以验证，在最开始的阶段，我们在制作操作手册的同时，有三人将 100 多万张方块图片标注成用于 CNN 学习的样本数据。

原始的病理标本切片放在载玻片上，医生在盖玻片上用极细的
油性笔标记肿瘤区域。这些标注也保留在切分后的方块图片中，也
就是图 4-3 的中心附近颜色较深的图片（0124_0131.jpg ~ 0124_0143.
jpg 图片）。

标注人员在之后的工作中，会从标注为肿瘤或正常的图片中选
出外观差异较大的部分，将标签的分类进一步细分后归入相应的子
类。在此基础上，通过反复学习测试逐步提升精度，这就是 AI 开
发的大致过程。

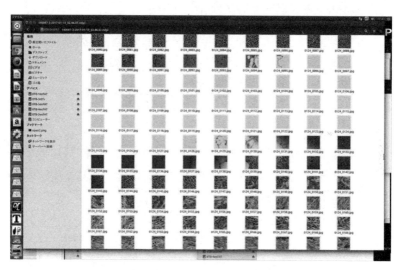

图 4-3　将病理标本图像切割成数万张方块图片

▲　增加相互之间只有少许差异的样本数据

标注人员会将高级专家创建的样本数据中外观有差异的部分数
据进一步细分。那么要细分到什么程度呢？

如果数据的总量不变，那么细分会使得一个种类中的数据量相应减少，可能导致学习不充分，以欠拟合的状态终结[①]。相反，如果把外观差异很大的图像群标注相同的标签，则学习就有可能无法收敛。

因此，我推荐使用以"大、中、小"三类对类别进行分级的方法，同时进行分类到各个层级的学习，将结果进行精度比较来寻找最为适合分类层级的细化程度（粒度）。在使用这个方式时，需要注意各个层级的学习要使用相同的方法与框架，用同样的参数集学习相同的次数，并以同样的条件进行评估。

在此基础上，还可以使用混淆矩阵把握精度的趋势来追踪分类细分化的程度。假设结论是"层级原则上细分到中分类，一部分数据量较大的集合再细分到小分类"，那么标签就要做相应的设置，然后进行学习。

在反复进行试错的过程中，可能会遇到某个分类的数据量不足的问题。此时，如果有人为扩充数据量的可能性，那么就应该尝试人为扩充数据量。

如何才能扩充数据量呢？ CNN 在结构上，数据的局部发生移动（平移），或有轻微旋转、微量尺寸变动等形变时，因为过滤器群的存在，这些变异会被过滤。因此，只要两者都能提取出共同的特征，将原始图像稍作平移或旋转十几度生成新样本的方法并不能

---

① 欠拟合意味着机器学习模型的输出结果与学习数据集不匹配。与第 2 章中图 2-8、图 2-9 对比的话，训练制度与预测精度基本重叠。

扩充样本的数据量。

而如果旋转 90°、180°、270° 或左右反转，那么 CNN 就不会认为新的图片与原始图像相同。如果在系统实际上线运行后，输入的数据中有可能会包含类似数据，那么用此方法生成的新样本，可以与原始图像一同作为训练用的数据用于系统学习。

如果在系统实用阶段，作为输入数据的图像拍摄方向基本固定，基本不会产生上下颠倒的情况，那么在学习阶段也无须制作类似的图片作为样本数据。即使是人类，要在瞬间识别出上下颠倒的人脸也并不容易。人类在瞬间就能够识别的人脸特征，充其量是戴不戴眼镜、圆脸还是长脸等这样的粗略特征。

这可能是因为人脑并没有经历过对于颠倒的人脸图像进行识别的训练。如果有必要让人脑获得这样的能力，就需要让它观察许多颠倒的人脸图像进行识别能力的锻炼。

同样，如果使用 AI 进行物体外观检测时，被检测物体会以各种角度出现在镜头前的话，那么将同一个图像数据进行 90°、180° 旋转变形，然后作为样本数据让系统学习是有意义的。但是，学习完成后精度有可能明显提升，也可能毫无变化。即使精度提高了，也需要进一步判断系统是否能够在实际运行时适当地对输入图像的变化进行响应。

在我们遇到过的案例中，有一家处理建筑材料和废料的公司，在 AI 原型开发的初始阶段只有数百张或更少的图像数据。这家公司的业务涉及对各种材料，如木材、混凝土、钢筋进行分拣，然后卖给废料经销商，或付费让废弃物处理公司取走。其中，分拣工作非常耗费人力，因此公司希望利用 AI 将其自动化。

当时我就考虑用扩充训练数据的方法来解决样本量过少的问题。我的方案是将废料放置在如同制陶时用的圆盘一样的转台上使其不断旋转，然后高速按动快门拍摄成百上千张废料的照片，以此作为学习用的样本数据。从各种角度拍摄的废料照片，外观各不相同，可以说非常接近实际场景中各种真实的输入数据。同时利用人工与重量传感器等将废料切开，放到多个转台上，拍摄大量形状、大小、颜色不同的废料照片是高效地制作高质高精度样本数据的捷径。

在上文提到的病理诊断的案例中，病理标本本身是三维立体的，因此切割方式多种多样。利用不同的切割方式就可以实现样本尺寸和形状的丰富变化。

因此，如前所述，在未来制作样本数据时，拍摄三维图像作为 CNN 的输入数据，这样就能用少量数据实现多种样本变化，可以获得比使用二维图像时更高的精度。这样的方法一旦实现，那么估计现行的业务流程与方法都会因 AI 的引入而被重新设计。而在实现这点之前，只能努力尝试同时利用标注工具与人工判断来提升二维图像识别的精度。

▲ 深度学习的引入需要耐心

即使尝试了各种分类方法不断试错，并用合理的手段扩充了样本数据，但是可能得不到预期的结果。熟悉传统 IT 开发的人会对此难以接受。

但是，如果因此放弃这样的试错工作，那么就无法开发出能够替代人类专业技能具有高精度的实用化 AI。要记住深度学习能实现的精度水平是人工编写的程序根本无法企及的，所以值得我们为它的开发工作付出更大的耐心。

在 AI 开发的现场，传统的算法设计、编程工作几乎为零，因而开发成本（预算和时间）急剧减少。取而代之的是大量数据收集以及标注工作，这些工作将花费大量的成本与精力。我们的意识也要相应改变。

在如今的 AI 开发中，以往传统 IT 系统开发过程中用科学性的数学方法构建算法的工作被依靠直觉和经验规则不厌其烦地制作样本数据的工作所替代。用好深度学习能够实现低成本高精度，因此付出耐心与努力是非常值得的。

AI 系统的开发中，精度要求（精度需求）的少许变化就会导致开发成本的巨量增加。单纯增加数据量，反而会导致精度下降。初期使用少量数据时学习的结果可能呈现欠拟合状态，同时即使数据本身精度较高，大量追加的数据本身也没有错误，互相矛盾的样本增加也可能会导致学习无法收敛。

即使是同一个样本数据集合，为了试错分类标准和分类效果，相同的学习过程可能要反复进行好几次，而每次都有可能需要将样本标签（输出信息）全部重新标注。

在许多情况下，是否需要进行这样的反复试错无法在事前预知。精度变好还是变差以及需要进行多少次试错，都只有通过在现场用数据实际尝试后才能知道。

因为深度学习的案例本身数量有限，所以学习所需时间的预估很难参考过往的案例，更多的是依靠经验。由于学习的时间对 AI 开发的成本影响巨大，所以这方面多听取实务经验丰富的 AI 开发专家的意见会很有价值。

在 AI 开发现场，扩充样本数据的同时，观察 AI 开发的进展情况（精度的实际数值等），冷静地对 ROI 的预测进行调整的态度非常重要。负责人要在进行可行性研究的同时，以更高的精度对损益分割点（成果收益 / 投入成本 =1）进行预估。有时候需要终止已经开始的项目。这就需要 AI 开发的整个过程，从原始数据的分析到 ROI 预测，都由相同责任人和责任部门一以贯之，这一点非常重要。如果牵扯许多利益相关者，整个过程会变得非常困难。

如果是大型企业，公司内部的信息系统部门有望将部门职责扩展到经营管理的范畴。而机器学习特有的专业知识和经验在学习对象发生变化时，大部分也可以通用。因此，把这些经验知识集中积累在同一个部门是明智的做法。

如果是中小型企业，那么我觉得最理想的是现任或下一任经营管理人员在把握技术限制（特别是精度）的基础上，直接参与新的业务流程设计。

要真正获得 ROI 公式中的分子，即成果收益，需要通过市场预测来预估新事业的有效寿命。因此，能够对用户和市场需求的趋势做出预测的能力非常重要。负责 AI 的信息系统部门应该意识到自己是经营管理团队的一员，并以此种态度推动 AI 系统的构建和部署。

▲　描绘实际运行整体系统的结构

假设用以某种识别和分类的学习完成并达到了目标精度。接下来，我们需要考虑整个系统的结构。这是对整个系统的运转过程进行设想和描绘，其中包括对 AI 的识别结果做最终判断以及双重检查的人工工作。整体结构的设计可以和提升 AI 识别精度的工作同时进行，但混淆矩阵的结果必须快速反馈到业务流程及系统设计中去。

在设计工作中，我们需要到现场仔细观察业务如何分工，数据如何被采集和处理。如果数据没有被电子化，那么还要考虑将来电子化的时间点与电子化的格式。在意识到将来的 AI 部署的前提下，首先以人工、机器以及测量仪器先行设计新业务流程的做法可能比较现实。

以医学图像处理为例，首先标本会被搬运到成像中心（包括模拟和数字成像）进行电子化，电子化的图像数据会传送给病理专家。而 MRI 图像也会先集中到显像中心，医生会去那里观察图像进行诊断。整个过程属于较为新式的业务形态。

另一方面，手术时在手术现场或在其他房间中检查标本属于双重检查的范畴。此时会用到共览显微镜，由几个医生同时观察标本进行讨论。这样的做法在大学医院中很常见。

此外，在未来的医疗物联网或远程医疗中，患者在家中拍摄用于诊断的图像传送给医生的情况会很普遍。一般的医用图像，如MRI 图像最多只有几百万像素，可以生成普通的 JPEG 格式文件。加之如今网络的带宽都已经足够，不会成为文件传输的瓶颈，因此用网络传输原始医疗图像不会有问题。原则上只要考虑文件传输时的信息安全和旨在保护个人隐私的措施即可。

另一方面，病理诊断用的图像如上文所述包含 9 亿~36 亿像素，用一个 JPEG 文件根本无法表现。一般将其转变成名为 WSI（全视野数字切片）的合成图像格式，一个文件就有几百 MB 到 2 GB。此外，行业内能够处理这种文件的主要八家公司各自的文件格式互不相同。以目前的网速，传送一张图像最短用时两分钟，最长则需要用时 22 分钟或更长时间。

如果使用的网络带宽为几十 Mbps，那么传送一张 WSI 图像最多需要 20 分钟左右。图 4-4 是以此为前提设计的整体系统结构图。

整个系统的关键所在是名为 iCOMBOX 的装置自动将巨大的图像进行分割（或合成），加密后传送给云端的 AI 服务器。AI 服务器会重新按自己的规则（如分割后相邻图片的边缘要有 32 像素的重合部分等），将图片以更易识别、更易分类的形式进行分割，然后判断分割后每一个方块图像是肿瘤的概率，并将判断结果以 CSV格式的文件返回给终端。用返回的判断结果让每块图片按肿瘤的概

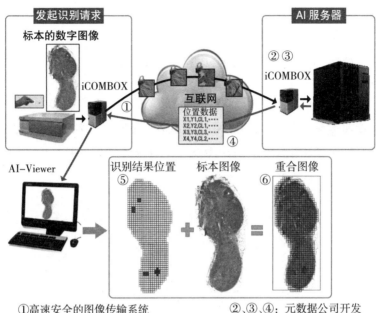

①高速安全的图像传输系统　　　　　②、③、④：元数据公司开发

②癌细胞组织识别 AI 系统　　　　　①、⑤、⑥：INSPEC 公司

③识别位置图像生成软件

④位置数据生成软件

⑤位置图像复原软件

⑥将位置图像与标本重合的浏览软件

图 4-4　自动拍摄病理图像并进行切割，在云端 AI 服务器上自动合成进行识别，
识别结果在终端浏览器上确认的综合系统

率呈现不同深浅的红色。然后将这些图片叠加在原始标本图像上进行显示，这样现场的医生就能很方便地进行诊断。

　　在云环境中运用 AI，考虑到网络会因故中断的问题，因此某些业务现场可能需要将执行图像识别与分类的功能安装在笔记本电脑上作为网络无法连接时的备用方案。关于选用笔记本电脑的配置将在以下章节中详述。

▲ GPU 的挑选：目前 NVIDIA 是唯一选择

对于需要庞大计算能力的深度学习系统而言，高性能硬件是不可或缺的一部分。无论是工业应用还是研究用途，要真正进行有意义的学习，就目前而言，NVIDIA 的 GPU（图像处理器）是唯一的选择。

受益于遍布全世界的高清 3D 游戏爱好者，高阶并行计算单元的成本已经大幅下降。NVIDIA 的 GPU 产品线中，有面向设计人员的 Quadro 系列和单价超过 100 万日元的高性能 Tesla 系列。

在性价比方面，GeForce 系列可以说具有压倒性的优势。因为使用该系列 GPU 芯片制造显卡的第三方厂商在该领域的竞争极为激烈。据称 GeForce 系列的 GPU 的图形性能针对 Windows 的 OpenGL[①] 做了优化，虽然深度学习并不会因此受益，但是浮点运算的速度、GPU 内置高速存储器的容量、功率消耗和散热性能、物理形状和尺寸，都是选择 GPU 的要点。

能够使多个 GPU 协同工作的 SLI 技术对深度学习并无影响。如果主板使用的是能够充分发挥 PCIex16 的英特尔 X99 芯片组的话，只要 PCIe 插槽有余地，就可以同时使用 4 个 GPU，但是要注意散热。

---

① OpenGL 是用于图形硬件的二维 / 三维图形 API。

表 4-1 是 2017 年深度学习使用的主流 GPU 的规格。

代表半精度浮点运算性能的 FP16 指数，能够达到 120TFLOPS（万亿次浮点运算）的 TeslaV100 表现最为突出（FP32 是 5TFLOPS）。这应该是因为 NVIDIA 为其开发了能够优化张量计算的架构，这也是深度学习的基本。他们把这种半精度即 FP16 的数值称为 "Tensor Flops"。Tesla GP100 和 P100 能够达到 FP32 的倍速 20TFLOPS 左右。

显卡规格中，除了计算速度（TFLOPS）外，前述 GDDR5（X）型的显存容量是否充分非常重要。当使用大量输入输出数据进行学习时，深度学习框架的宕机原因大部分是由于显存不足。

在这方面，配备有 24GB 现存的 Tesla P4 和 Quadro P6000 表现优异。多个显卡同时工作时能否充分利用到所有显存，需要详细确认当时使用的框架。各个层级的软件频繁更新以及自定义设置的变更都能使性能发生改变。

据称许多深度学习框架和数据库基本上只需要 FP16，即所谓的半精度即可。这种情况下要验证，会不会因计算结果不断被四舍五入因而累计产生误差使学习无法收敛。如果 FP16 就足够的话，那么能够将 CUDA[①] 内部寄存器和内存切分成两半，让两个部分同步工作的 GPU 会在相同的硬件成本及消费电力的条件下获得更高的性能。

谷歌在开发面向自己公司内部少量生产的深度学习专用处理单

---

① CUDA（计算统一设备架构）是指用于 GPU 的 NVIDIA 并行计算架构 / 编程模型。

表 4-1　主流 GPU 的规格表

面向设计人员	Tesla V100	Tesla P100	Tesla P40	Teasla P4	Quadro GP100	Quadro P6000	Quadro P5000
核心数	5120	3584	3840	2560	3584	3840	2560
频率	1308 MHz	1328 MHz	1531 MHz	1063 MHz	1430 MHz	1531 MHz	1733 MHz
FP64	7.5 TFlops	4.76 TFlops	0.37 TFlops	0.17 TFlops	5.13 TFlops	0.37 TFlops	0.28 TFlops
FP32	15 TFlops	9.52 TFlops	11.76 TFlops	5.44 TFlops	10.25 TFlops	11.76 TFlops	8.87 TFlops
FP16	120 TFlops	19.04 TFlops	11.76 TFlops	5.44 TFlops	20.5 TFlops	11.76 TFlops	8.87 TFlops
INT8			47 TOPS	22 TOPS			
多 GPU	4	4			4		
显存种类	HBM2	HBM2	GDDR5	GDDR5			
总线带宽		1.43 Gbps	7.23 Gbps	6 Gbps	1.43 Gbps	9 Gbps	9 Gbps
位宽	4096 bit	4096 bit	384 bit	256 bit	4096 bit	384 bit	256 bit
显卡带宽	900 GB/s	732 GB/s	347 GB/s	192 GB/s	732 GB/s	432 GB/s	288 GB/s
显存容量	16 GB	16 GB	24 GB	8 GB	16 GB	24 GB	12 GB
消耗电力	250 W	250 W	250 W	75 W	235 W	250 W	180 W
价格	70 万日元左右	70 万日元左右	70 万日元左右	63 万日元左右	115 万日元左右	70 万日元左右	30 万日元左右

面向游戏玩家	TitanXp	TitanX	GTX 1080 ti	GTX 1080	GTX 980
核心数	3840	3584	3584	2560	2048
频率	1582 MHz	1531 MHz	1582 MHz	1733 MHz	1216 MHz
FP64	0.37 TFlops	0.34 TFlops	0.35 TFlops	0.28 TFlops	0.14 TFlops
FP32	12.1 TFlops	11 TFlops	11.3 TFlops	9 TFlops	5 TFlops
FP16	12.1 TFlops	11 TFlops	11.3 TFlops	9 TFlops	5 TFlops
INT8		44 TOPS	48.5 TOPS		
多 GPU	4	4	4	4	4
显存种类	GDDR5X	GDDR5X	GDDR5X	GDDR5X	GDDR5X
总线带宽	11.4 Gbps	10 Gbps	11 Gbps	10 Gbps	7 Gbps
位宽	384 bit	384 bit	352 bit	256 bit	256 bit
显卡带宽	547.7 GB/s	480 GB/s	484 GB/s	320 GB/s	224 GB/s
显存容量	12 GB	12 GB	11 GB	8 GB	4 GB
消耗电力	250 W	250 W	250 W	180 W	165 W
价格	20 万日元左右	70 万日元左右	10 万日元左右	10 万日元左右	10 万日元左右

元 "TPU"（Tensor Processing Unit）时，将其设计为半精度 FP16 专用的架构，以此来追求省电性能。由于从一开始就是以 FP16 专用作为前提而设计的，所以没有多余的硬件，据报告称，能够高效运行谷歌自己开发的名为 "TensorFlow+Keras" 的深度学习框架，其消费的电力只是同样性能 GPU 的十分之一。

但是，不同的机器学习框架各有千秋，有的能够很好地发挥双精度 64 位 FP64 的性能。在表 4-1 中，有关每秒浮点计算的性能参数分别以三个种类（64、32、16）进行了统计。

此外，包含在软件开发工具包 "NVIDIA Deep Learning SDK" 和 "Deep Stream SDK" 内的库 "TensorRT" 能够发挥 8 位整数计算 INT8 的性能。表 4-1 中统计了在 2017 年 8 月时的价格及最大能够协同工作的 GPU 数量。表中所示例子是通过 SLI 方式将多个 GPU 链接协同工作来强化图形计算性能，而在深度学习中并不能使用此方法。

在配备了带有 GPU 的英特尔系列 CPU 以及主板的工作站上，OS 是名为 Ubuntu（或 CentOS）的 Linux 系 OS，然后安装 CUDA 工具包。这样一来，基于 NVDIA 的图像驱动程序，相同的 NVDIA GPU 可以将成百上千的 CUDA 核心作为机器学习类并列计算的计算单元来使用。CUDA 工具包包含了用于驱动最底层硬件（几千个 CUDA 核心群）进行深度学习的驱动程序。

▲ **硬件的选择：性能要超过十几年前最先进的超级计算机**

接着我们来挑选用于深度学习的硬件。1U 作为机架型服务器是最薄的类型，内部配备了 4 个 PCIExpress x16 的插槽，可以搭载 4 个 GPU。但是由于尺寸较宽，消耗电力也超过 1000W，可能带有特殊的散热和供电装置，使得性价比不高。

所谓工作站类型则是使用通用的用于游戏的 PC 机箱、电源、主板，配备 4 个高性能 GPU 的主机。这一类可以使用 4 张 PCIe x16 规格插卡，预装面向深度学习的 Linux（Ubuntu）、Chainer、Caffe 和 TensorFlow 等深度学习函数库的通用 PC 主机，在 2016 年以后售价不到 100 万日元。

GDEP Advance 公司出售的"Deep Learning Box"就是类似的产品。宽度大约是一般的 Middle Tower 主机的 2 倍大小（见图 4-5）。估计今后会持续推出搭载 4 个 GPU 的高性价比箱型 PC 产品。

图 4-5 中的表格将 Deep Learning Box 与 2004 年时全世界性能最强的 NEC 超级计算机"地球模拟器"的性能和成本做了对比。两者性能几乎是相同的，但前者的体积与电费只是后者的万分之一。十几年间，竟能有如此巨大的差异。

顺便提一下，36.0TFLOPS（每秒 36 万亿次计算）的计算速度意味着，一次计算所花费的时间只能让一秒内可绕地球 7.48 圈的光线前进 0.8 微米，这真是惊人的计算速度。截至 2004 年 10 月，上述超级计算机"地球模拟器"的性能一直领先排第二名的 IBM 超级计算机"ASCI White"5 倍。2016 年，我公司购买的 Deep Learning

	Deep Learning Box2016	地球模拟器 2004
计算速度	36.0TFlops	35.86TFlops
占地面积	0.13 平方米	1300 平方米
耗电费用	>5 万日元 / 年	6.5 亿日元 / 年
维护费用	第一年免费	超过 45 亿日元 / 年
价格	99 万日元（预装主要 DLe）	6 年共需 185.76 亿日元

图 4-5　Deep Learning Box

Box 比 "地球模拟器" 最初的版本还要快些。

据 2017 年的 GDEP Advance 公司的产品目录所载，新一代 Deep Learning Box 依然是同样的售价，GPU 已经升级到 GeForce GTX 1080Ti 级别，性能达到 45.2TFLOPS，高速显存达到 44GB 之多。

⋀　主内存要注意主内存容量

接着让我们来考虑搭载高性能 GPU 的服务器对 CPU 和主内存的要求。处理流程中，用于学习的大量数据从 CPU 控制的 SSD（固态驱动器）和 HDD（硬盘驱动器）首先被传输到主内存，然后被传输到 GPU 的储存器中。无论 GPU 的内存有多大，如果主内存容量不充分的话，很难将 GPU 内置的 GDDR5（X）存储器的性能完全发挥出来。

主内存应该尽可能选择高性能产品。外部存储装置也要尽可能选择 ESATA、USB Type-C、USB 3.1、USB 3.0 等高规格产品。否则学习时的性能很可能会遭遇瓶颈。如果 CPU 或主内存、外部存储装置性能不高，GPU 的速度可能最多达到 2.5TFLOPS 的水平。这样一来学习的性能无法提升，即使配备高性能 GPU 也会变得毫无意义。

顺便提一下，英特尔酷睿 i7 的 CPU 不使用系统总线而是直连主内存。如果使用多个 CPU 协同工作的话，由于主内存被分割为分别与每个 CPU 直连的部分，导致向 GPU 大量输送数据时可能发生宕机中断的问题。在这种情况下，选择具有高性能的单个 CPU 似乎更好。使用单个高性能 CPU 只与 GPU 交换数据，主内存能够被充分用于以最高速向 GPU 传送大量数据，这样更有利于提升深度学习的效率。如果单个 CPU 拥有多个内核效果也不错。

有的主板同时搭载 4 个 GPU 时，数据传输性能会部分下降，类似 PCI Express x16 变成 PCI Express x8 的情况。近期产品较多存在这样的问题，需要特别注意。

为了不降低数据传输速度，有必要确保每个 GPU 的 PCI Express 通道数为 16 个。例如，为了并行运行 4 个 GPU，主板为 24 个通道，CPU 为 40 个通道，一共需要有 64 个通道。在选择主板和 CPU 时要与之匹配。例如，英特尔 X99 主板有 24 个通道，如果选择 24 个通道的英特尔酷睿 i7-6800K 就不合适，应该选择具有 40 个通道的酷睿 i7-6850K 或更高级别的 CPU。

可以使用 4 个 GPU，性价比很高的 GTX 1080 和 GTX 1080Ti 级的服务器价格已低于 100 万日元。然而，如果使用单价超过 100 万日元的 Tesla 系列的话，如果同时配备多个 GPU 则价格从百万日元到 1000 万日元不等。在机架类型中，惠普公司有出售名为 1U，将 4 个 GPU 横置的薄型服务器，非常节省空间。

如果上述机型的性能还不够，可以选择 NVIDIA 制造的 DGX-1。特别是 2017 年 5 月开始销售的搭载 8 个 Tesla V100 的 DGX-1V。它的 FP16 参数达到 960 TFLOPS，可以将 Titan X 或 GTX 1080 Ti 原来需要 8 天的计算时间缩短到 8 小时，等同于 400 个高性能 CPU 服务器的性能。它作为研究学术用途的产品，1700 万日元的价格可以说并不高，特别是对很多最希望缩短大规模 AI 开发所需时间的潜在用户而言，其价值无可替代。

可能是为了填补使用 GPU4 的普通 PC 和 DGX-1 之间的空白地带，NVIDIA 宣布将在 2017 年第三季度后推出将搭载 Tesla V100 数量减少到 4 张的 DGX STATION。最大消耗电量 1500W，使用水冷方式，因此就占地面积、能耗、静音方面而言，都可以在个人的办公室使用。价格为 6.9 万美元，远低于 DGX-IV 价格的一半。但是 FP16 达到 480TFLOPS，恰好是 DGX-IV 的一半。它很可能成为面向深度学习的服务器产品，而把使用 2 到 4 个 GPU 的高价格 PC 产品从市场上淘汰。

在选择用于深度学习的服务器时，有必要预先研究下面描述的各种深度学习框架是否与 FP16 相对应。几乎所有框架都对应于 FP32。然而，即使对应 FP16，在计算误差传播的过程中，FP16 的计算结果经常被中舍入为零，因此精度可能并不理想。

相反，充分利用 FP64 的计算精准度的话，可以通过少量重复学习实现有实用价值的精准度。所以选择 GPU 服务器时，需要先弄清楚这些特征。

上述之外，专用硬件的价格昂贵，如果不是国家级别的项目则不建议购买。一些跨国企业为了实现自己的国际化战略，会在硬件方面进行大规模的投资，如谷歌。据称，其开发了针对深度学习张量计算进行优化的专用半精度 TPU（Tensor Processing Unit）。相比 2015 年时相同性能的主流 GPU，功耗只有后者的十分之一。即使是这样的产品，也很难在性价比方面胜过面向游戏玩家的量产产品。

ARTIFICIAL INTELLIGENCE

加速小型化——内置 GPU 的笔记本电脑和 USB 加速器

受世界各地的高分辨率 3D 游戏爱好者喜爱的 NVIDIA 高端 GPU，至今保持着极高的性能提升速度。在人类技术史上唯一超越常规、常年保持指数级成长的半导体领域，NVIDIA 对利用深度学习的 AI 应用的推广做出了巨大贡献。5 ~ 10 年后，智能手机似乎就能实现高达几个 TFLOPS 的计算性能。同时，高性能、低功耗、节省空间的车载 GPU 主板的开发也在进行之中。

　　用于小型台式 PC 机，使用配备 PCIe xl6 的主板和被称为 "Low Profile" 的大幅小型 GPU 产品也已经出现。2017 年 9 月，速度达到 2.1TFLOPS，配备 4GB 内存的 GTX 1050Ti 售价在 1.5 万日元到 2 万日元（约合人民币 1295 元），也不需要辅助电源。

　　比书本稍大些的桌面电脑 PC 使用的 250W 电源已经足以执行深度学习的实验。CPU 使用酷睿 i5 早期型号，主内存有 8GB 就足够了。如果是二手的话，6000 日元（约合人民币 388 元）就可以买到。

　　近年来，价格迅速下降的游戏笔记本也开始用于深度学习。例如，我公司在 2017 年 5 月购买一台用于在病房运行 AI 系统的 Dell New Inspiron 15 7000，以七五折的价格购入，约为 9 万日元左右（约合人民币 5830 元）。

　　配置如下：

　　显示器：高清 15.6 英寸

　　重量：2.33 千克

　　耗电量：74W/ 小时

　　CPU：第 7 代英特尔酷睿 i5

　　主存储器：标准 8GB，可扩张到 32GB

　　GPU：NVIDIA GeForce GTX 1050Ti GDDR5（内存 4GB）

　　存储方面当时只内置了 eMMC 型高速 SSD（256 GB），2.5 英寸驱动器插槽空闲不用。之后增加了 2TB 的薄型（7 毫米）HDD。其实如果不介意机器底部会凸起一块的话，也可以增加厚度 12 毫米、内存 5TB 的希捷 HDD。这样一来，存储性能可以媲美台式机。但考虑到机器外观与携带时的安全性，我们没有这么做。能耗方面如果 GPU 没有完全使用，大容量电池续航时间可以达到十个小时。但是作为游戏本，考虑到 GPU 完全工作时的电量消耗，厂家为其配备了巨大的电源适配器，让人印象深刻。

因为快速启动功能只是针对 Windows，如果换成 Ubuntu16.04 这类 Linux 系的 OS 会有些麻烦，但除此之外，和普通搭载 GPU 的 PC 或服务器作为深度学习主机需要的设置工作没有区别。笔记本内置的 GeForce GTX 1050Ti 比起刚才提到的 Low Profile 主板尺寸更小，但性能并没有删减。

使用配备有 GTXTi 1050 的笔记本，尝试用深度学习识别癌症图像，原先一百多张病理图像的识别如果只用 GPU 的话需要 104 秒，而现在缩短到只需要 2 秒。几千张 JPEG 图像识别只需要几十秒，因此病理诊断所需要的几万张 JPEG 图像识别只需要几分钟，至多十分钟即可，用来作为手术中的实时参考数据已经足够。

如果这样的性能还不够的话，还有配备比上述笔记本 GPU 计算能力提升 2 倍的 GTX1060（4.4TFLOPS、6GB）的版本，有的笔记本电脑甚至配备了 GTX1070（6.5TFLOPS、8GB）。售价 60 万日元左右的高端机型中，有的配备了 2 张能达到和台式机相同的 9TFLOPS 的 GTX1080。这三种机型，相比我购买的笔记本性能分别要提升 2 倍、3 倍、9 倍。用于实时的病理诊断已经足够。

通过实践，我们已经目睹了只有 2 公斤重配备高性能 GPU 的笔记本电脑，可以在深度学习的现场充分发挥实用性（见图 4-6）。

图 4-6　具有高性能 GPU 的笔记本电脑

在不久的将来，可能智能手机和 Raspberry Pi 等用于嵌入式的超小型计算机能够拥有同样强大的性能。但是实现需要花多少时间呢？目前能看到的是，可以根据需要通过 USB 接口来添加 GPU 设备。英特尔 Movidius 就是其中之一（见图 4-7）。产品的副标题为 "Neural Compute Stick"，外形稍大，看起来像一个散热口很明显的蓝色 USB 存储器。

Movidius 的运算速度为 0.1TFLOPS，只相当于 NVIDIA 千元售价的 GPU 的几十分之一。因此 79 美元的价格相对较为昂贵，然而考虑到它的体积，可以 4 个设备协同，以及每 0.1TFLOPS 1W 的功耗，可以说这个产品还是优秀的。

图 4-7 英特尔的外界 GPU 设备 Movidius

11.3TFLOPS 的 GTX 1080Ti 不到 8 万日元就可以买到，因此纯粹就性价比而言，Movidius 差了 10 倍以上。但是想到 5 ~ 10 年后，相较现在 100 倍的性能也能够用这样小的 USB 设备实现，不禁让人兴奋不已。为了获得专家对此预测的看法，我向被称为 "东京大学的御茶水博士" 的平木敬先生做了咨询。先生答道："要实现比现在高 100 倍的性能需要 10 年。因为需求量不大，因此价格一定会很高昂。但是，功耗方面目前是半精度，所以如果精度翻倍的话是八分之一或十六分之一，应该只比目前处在 Green 500 前位的设备稍低一点。"

⅄ GPU 云服务也是一种选择

我非常喜欢各种硬件，组装新的机器一点都不会感到麻烦。但是在繁忙的现场以及没有余地放置服务器的工作场所，或没有管理人员的业务现场，高性能 GPU 功能的云服务更受欢迎。即使手头有硬件，也会希望通过利用云服务缩短数据学习的时间。

配备 4 个 GPU 性能达到几十 TFLOPS 的专用服务器和 4 个 GPU 可以以月或小时为单位租赁。2017 年时，每小时大约 300 日元左右。但是要注意的是，大量数据的传输需要花费大量时间。传输时 GPU 虽然完全不能使用，但这部分时间也是需要付费的。

大型研究机构开始向外界提供自己私有云中的 GPU 功能。例如，东京大学的信息基础中心（前身为大型计算机中心）以单个 GTX 1080 级的 GPU 每月 15 万日元（约合人民币 9727 元）的价格向学校内部提供云服务（2017 年上半年）。

即使这是一项民间企业的事业，也称不上便宜。如果是 CPU 的话，有的企业可以以每月不超过 1 万日元的价格出租专用服务器，而且还能够做到无偿进行配件更换和 OS 提供，因此价格一直在下降。与此相比，GPU 的服务还处于为了维持基本的服务水平进行探索的阶段。

"云"端的硬件，例如，NVIDIA 的 HGX-1 with Tesla V100 是针对云服务 HGX1 的 Tesla V100 版，和曾经的笔记本 PC 专用 GPU 一样，根据产品所针对的平台，同样的型号性能也不尽相同。尽管缩短数据传输时间的措施今后会有很大发展，但网络速度成为瓶颈

的情况可能会增加。因此有些私有云越来越多被设计成不仅可以以
10Gbps、100Gbps 的网速进行连接，甚至可以通过 32Gbps 的第 6
代光纤通道进行连接。

免费的最贵？免费数据学习服务的实用性

AI 系统应该部署在云环境还是本地服务器环境中？要判断这个问题，有必要考虑实际操作中的安全和运营成本，细致地评估商业模式。为了确保学习能达到理想的精度，在学习开始前对所需要的数据量进行预估也非常重要。

在为了做这些预估而进行的 PoC（概念验证）和可行性研究阶段，相对所需要的时间，需要消耗的费用更让人关注。因此，我从一些免费提供数据学习的 Web 服务中选出较为优秀的来进行实验。

AI，特别是包括深度学习在云端运行的服务，估计最终会成为 API 化的专用 AI，被嵌入到部署在本地的系统或类似于 AWS（亚马逊 Web 服务）那样云端的信息系统里。因此，我在提供 API 和混合软件的搜索、介绍服务的 ProgrammableWeb 上搜索了能够在云端进行深度学习的服务，选出合适的对象。

我尝试的是一种名为 Vize 的 Web 服务。对于用户企业而言，最大的优点是不需要编程而能直接进行深度学习。用此服务学习后的结果，获得的模型可以直接以有偿的方式，通

过在浏览器画面的操作 API 化，甚至部署。

　　我尝试做了一个简单的测试可以在有限的时间内对此服务的性能进行评估。测试使用了元数据公司的 AI API "猫辨识"在学习过程中使用的数据。"猫辨识" AI 能够对输入的猫图像进行识别，判断其属于 60 种猫中的哪一种。我将"Aegean"和"Asian"这两种猫的数据全部上传，让 Vize 对其进行识别分类。

　　最大的问题是从上传两种猫共 129 张小图像（256 像素方块图片）到显示上述画面需要花费四个半小时。如果用原有旧型号的 GPU GTX970 的话，使用相同的猫图片，用六种共 630 张图片进行学习只需要不到 10 分钟，而且能够保持足够的精度。用上述 Web 服务的话，五分之一量的数据却要花27 倍的时间。

　　如果使用在 2017 年 9 月可以买到的、售价为 8 万日元左右的 GTX 1080Ti，它的性能是 GTX970 的 2.88 倍（数据量增加的话差距更大），因此与使用上述 Web 服务时的差距将扩大到 70 多倍。如果是 NVIDIA 的 DGX-1 的话，其性能是 Web服务的 85 倍，因此学习所需要的时间将从 4 个小时缩短到 2.5秒。从这些数字可以看出，Vize 仅仅使用了 CPU，而且同时接受大量的请求。因此我推测它将 1 个 CPU 的性能分割后只用其中几分之一的性能来执行学习的过程，才实现了免费学习服务。

　　在学习过程中，上述 Web 服务似乎没有用到对输入的图像进行斟酌，实现深度学习参数的优化等高级别的技术。导致使用同样的数据进行学习时，它的精度显然较低。因为如果用同样的数据，要对多达数十种参数进行不断调整反复学习的话，就需要极高的学习速度。

虽然它是免费的，但是为了理解网站服务的机制，我们花费了好几天的时间，结果证明这个网络服务毫无实用性。不幸中的万幸是，我们优秀的工作人员利用先前在其他开发项目中已经验证过的样本数据以及精度和速度的参数，在最短的时间里对这个网络服务的效果进行了评估并得出了结论。

但是，如果手头没有可以比较的数据，就无法评估性能和精度，则很难迅速评估该网络是否可用，有可能会做出错误判断。

试想一下，如果上层领导一定执着于免费学习，命令团队不断试用各种网络服务和免费软件的话，三个月、半年的时间一下子被浪费掉，有可能到最后花费了巨大的人工成本，却丧失了机会，就此完败于竞争对手。

▲ 深度学习的机制是多种多样的

在应用深度学习时，即使收集的数据都相同，但由于确定数据的属性结构和处理功能（在某些情况下，可能只需确定分类数量与每个分类的定义即可）及输入输出方式不同、处理模型不同，精度的提升速度，甚至开发的成本，学习的结果都会不同。这就要求负责人需具备良好的直觉，在观察现场的数据与监督开发进度的同时，冷静并准确地对投资与受益的损益分歧点（ROI=1）进行预测。

为了预估 ROI 计算公式的分子，即"投资结果带来的经济利益"，需要对新事业构造的寿命，即市场情况进行预测。这就需要具备对预估用户及市场需求的良好直觉。

传统的、垂直分工的组织很难实现这一点。只有工程师的素质是不够的，通过精度评估专业地进行假设定量验证，研究人员的素质和经验必不可少。如果条件允许，让具备这样素质的人员，站在整个事业的负责人的立场上判断是否需要引入 AI 是最为理想的。

例如，"视觉认知"这一个词语，就包括了许多种应用场景。比如，通过一张静止的图片识别物体的名称，在该应用中，主要会使用到深度学习技术中的卷积神经网络（CNN）。

CNN 是从大阪大学教授福岛邦彦博士在 1979 年提出的"神经认知机"（Neocognitron）概念的基础上发展而来的。它具有许多过滤器，能够不断删减信息量，只保留特征。相同的颜色和形状等特征，即使在图片中的位置有细小的差异也能被正确识别。CNN 的命名正是源自这种使用过滤器计算方法的特征。

要识别出一张图片中同一物体所有影像，就会用到循环神经网络（Recurrent Neural Network，RNN）和长短期记忆网络（Long/Short Term Memory，LSTM）。RNN 为了处理时间序列信息，能够将前后相关的信息反馈在同一层中；LSTM 设置有缓冲存储，能够吸收数据长短和容量的差异。将 RNN 和 LSTM 很好地混合应用，就可以识别出散布在图片中所有角落的同一物体。

在类似于翻译、归纳或创建基于图表的文章这一类自然语

言处理的场景中，会利用 RNN 和 LSTM 的组合，使用被称为
"Attention"的机制识别一个句子中的核心词语。此时，会分配给不
同的单词向量元素将文章数值向量化，这样就可以通过神经网络来
处理。

除了以上基本三类，还有类似于 SVM（Support Vector Machine）
这样支持向量机的机器学习技术和概率统计手法、数理方法等组合，
可以构建各种框架。相同框架使用不同类型的数据也有可能发现意
外的用途。但前面几章提到的精确率、召回率、混淆矩阵等在产业
应用时依然非常重要。

▲ 主流深度学习框架的特点和选择

前文提到深度学习的机制各种各样，而每种机制又有多种变
化。一个 CNN 从几层到类似于 GoogleNet[①] 那样近 100 个层级，有
的甚至超过 1000 层。

除了这类网络基础结构的差异，不同的构建方法会产生许多不
同。用以构建 CNN 的开源框架就有 Caffe、TensorFlow、Chainer 等
多种（见表 4–2）。

这些框架大多允许被用于商业目的，但依据不同情况授权不
同，按照使用目的进行挑选。另外还有对应的编程语言及硬件支持
方面的差异（特别是能否对应多 GPU 和多终端）。

---

① GoogleNet 是由 Google 开发的 CNN，在计算机视觉竞赛" ILSVRC 2014 "中的分类
问题中获得优胜。

表 4-2

主要的深度学习框架

框架	时间	开发组织	开发语言	特征	授权
Theano	2010	蒙特利尔大学	Python		BSD Licence
Torch7	2011	纽约大学	Lua		BSD Licence
cuda conv-net	2012	多伦多大学	Python		New BSD Licence
PyLearn2	2013	蒙特利尔大学	Python		*1
Caffe	2013	加利福尼亚大学	C++、Python		BSD Licence
Chainer	2013	Preferred Networks	Python	能够方便地制作原创的网络结构	Apache Licence 2.0
TensorFlow	2015	Google	C++、Python	多功能：支持多设备多 GPU	Apache Licence 2.0
CNTK	2016	Microsoft	C++、Python .Net、BrainScript	高速度：支持多设备多 GPU	MIT Licence
DeepBeliefSDK	2013	Jetpac（G.Hinton 等）	Swift 等	IOS、Android、JS，支持 Raspberry Pi	BSD Licence
Cudnn-8.0 v5.0		NVIDIA	可用 GPU 加速各种框架		NVIDIA EULA
OpenBLAS	2011	ISCAS	C 语言等		BSD Licence
DIGITS	2015	NVIDIA	Python	能够套嵌其他框架的 Web GUI	BSD Licence
Deeplearning4j	2014	Skymind	Java、Scala、Clojure	面向商业应用：具有丰富的针对自然语言处理的功能	商用、Apache Licence 2.0
Paddle	2011	Baidu	Python	词典学习包	BSD Licence
MxNet		华盛顿大学、卡内基·梅隆大学	R、Python、Julia 等	支持 CNN 和 LSTM，轻量方便。AWS 也支持此框架	Apache Licence 2.0
libgpuarray	面向 Theano			*Anaconda 包的一部分	
Keras	面向 TheanoFlow				
Sonnet	面向 TheanoFlow	Deepmind（Google）			

* 1 http://deeplearning.net/software/pylearn2/LICENSE.html

对 Android 和 iOS 等移动终端及嵌入式设备的 Raspberry Pi 等平台的支持也各有不同，还包括能否使用在其他框架上创建的网络结构及完成学习后的模型。

从本质上把握各个框架的特点尤为重要。例如，能否构建自己的神经网络，是否可以扩展现有网络的层次结构，是否可以进行神经网络以外的张量计算等。例如，谷歌的 TensorFlow 就允许使用上位框架、包装库（类似于中间件）Keras 和 Sonnet（由 Google Deep Mind 开发）进行高级别的编程。

又例如，在 Caffe 框架下，可以通过使用 NVIDIA 开发的 Web 应用程序 DIGITS，几乎不用编程就可以用 GoogLeNet 等 CNN 学习，构建具有实用性的专用图像识别系统，还可以进行精度测试。相比其他框架，其高效的特点尤为突出。

图 4-8 是编程语言、函数库、GPU 驱动库、深度学习框架以及包装库（宏）、构建神经网络的关系图例。此例中 Python 和 Theano 为基础层，使用了加拿大蒙特利尔大学开发的深度学习构建框架 Pylearn2。

Theano 是一个高级数值计算库，经常用于深度学习的张量运算，它与 TensorFlow 处于同一层（层次结构）。Numpy 位于低阶简单操作的 Python 数值计算库中，Scipy 用于科学技术计算。

此外，还有将 Numpy 通过 GPU 高速化的 GNumpy。需要根据不同的用途和硬件配置分别使用。以高速编程为特征的 Caffe，在图 4-8 中可以看作能够应对 Pylearn2 和 Theano 的组合层级。

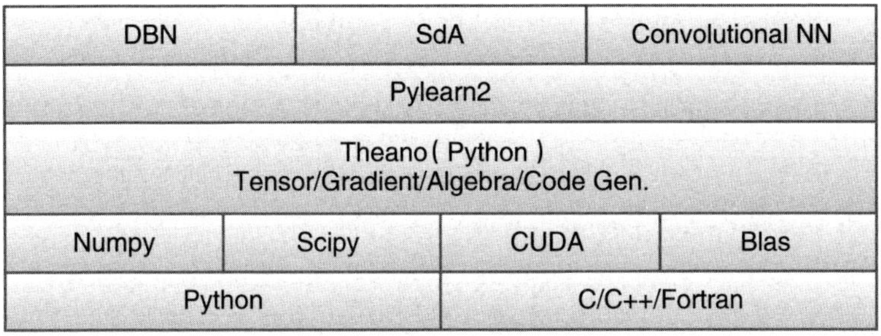

DBN	SdA	Convolutional NN
Pylearn2		
Theano (Python) Tensor/Gradient/Algebra/Code Gen.		

Numpy	Scipy	CUDA	Blas
Python		C/C++/Fortran	

图 4-8　编程语言、函数库、GPU 驱动库、深度学习框架以及包装库（宏）、构建神经网络的关系图例

日本企业 PEN（Preferrde Networks）与表 4-2 中登场的欧美大学和基础研究机构三者并肩同步，正在开发构建深度学习的框架 Chainer。据称使用它能非常容易地构建独特结构的神经网络，参数设置的灵活性很高，很容易进行各种实验。

在茨城大学常年从事以自然语言处理为主的 AI 研究的新纳浩幸教授针对 Chainer 有如下解释："技术特点有很多，但是就用户而言，能够针对复杂网络的编程简单化最有价值。模块化的函数粒度适中，编程新结构网络的自由度很高。"

用各种深度学习框架完成的模型，即完成学习后的神经网络（权重集）只要花一些功夫就可以用于不同的框架。例如，在相对出现较晚的 Chainer 上就可以应用公开模型数量最多的 Caffe 模型。

先用像 Caffe 这样的快速框架创建大型模型，然后将其改造为复杂的结构时，框架的模型通用性可能十分有用。在不同的研究团队互相协作时，利用其他团队大规模学习后得到的成果，通过迁移学习进行比较试验很有价值。

▲　多种类型的网络结构该如何进行选择

前述 GoogLeNet 是谷歌将杨立昆先生创建的名为 LeNet 的神经网络结构进行扩展后的产物。用于前述的深度学习框架的开发，或对完成品进行装载、学习、识别。

表 4-3 是从 ImageNet 上的 1000 种用于图像识别的神经网络中，挑选出来的逐年持续提升精度的代表性的神经网络。这些神经网络大多数都被公开，可以用于多种深度学习框架。

表 4-3　　　　　　用于深度学习框架上的主要神经网络

AlexNet CaffeNet		于 ILSVRC2012 获得优胜，错误率 16.4% AlexNet 的改良版
GoogLeNet		于 ILSVRC2014 获得优胜
Network in Network		发布于 ICLR2014
Place-CNN		用 Places 学习后的网络
VGG	Oxford	于 ILSVRC2014 获得第 2 位，错误率 7.3%
ResNet	Microsoft	于 ILSVRC2015 获得优胜，错误率 3.5%
Clarifi		于 ILSVRC2013 获得优胜，错误率 11.7%

▲　编程语言几乎只有 Python 一种选择

除了刚才介绍的深度学习的主要库之外，有时还需要数据的预处理库及框架内部的数学计算函数库。例如，用于巨大图像和图像加工处理的 OpenCV 和上述 GPU 对应的函数库 GNumpy 等，也是深度学习时一定需要的。

在选择这些函数库和使用细节的时候，要获得有价值的信息，需要浏览网络上的英语博客等资源。除英语资源之外，中国的 AI 技术人员数量极大，能够看懂网络上的中文文档会更有利。除此之外，把自己的问题写在支持各种语言的搜索网页上进行搜索的话，如果运气好有可能立即得到解决方案。

编程语言可以说只有 Python 一个值得推荐。有些人觉得高级语言处理速度慢，因此倾向于使用 C++。但是实际上，使用 Python 能更有效率的编程的案例很多。

比起用超高速算法实现内部算法或调用函数库，让 GPU 通过自动对应等方法进行低级语言的繁琐的编程，用 Python 编程的效率和速度都已经高得多。而且高级语言本身就具有的特点，如用少量语句就能实现应用功能，因此能充分发挥其良好的维护便利性。

开发环境方面，有打开文字输入的 Web 应用就可以编程的 Jupyter，用它来做带有 GUI 的 AI 应用的原型开发极为方便。而在知道 Ruby 的人看来，Python 就是省略 end 语句的 Ruby，学习起来非常轻松。而且只要对深度学习的理论有一些基本了解，就可以学习优秀的 Python 示例来编写自己的代码扩展示例程序。

多年来为商业用途提供了方便的函数库 Matlab 也开始支持各种机器学习。最近更是推出了只需要 100 多美元的针对个人的使用授权，包含了各种模块。如果需要商用版授权，最低只需要约 30 万日元左右就可以获得专业品质的商用函数库。

⅄ 利用现成 AI 资源的意识

中小企业通常无法为 AI 系统开发花费大金额的投资，极为耗费成本的样本数据也很难仅仅依靠公司自身制作完成，很多时候连足够量的数据都无法准备。此时，可以考虑使用迁移学习。所谓迁移学习，指的是利用公司外部的资源，特别是大量完成学习的深度学习模型。下面我们来说明具体的过程。

名为 Model Zoo（模型动物园）的英文网站公开了许多 Caffe、TensorFlow、Chainer 构建的完成学习后的模型下载地址。例如，你看了 Models for AudioSet 的介绍后，就会知道这个模型是由 200 万种长度为 10 秒的 YouTube 视频声音数据构建的识别、分类模型。当然，这对于那些想要开发 AI 来区分纺织面料的人来说，显然是没有意义的。

让我们提高搜索速度，浏览一下用 Caffe 构建的模型列表页 ①。当想要从面部照片估计年龄，就在页面内用 Ctrl + F 搜索 "age"，然后就可以在底部找到名为 "Using Ranking-CNN for Age Estimation" 的模型，还附有在名为 "CVPR 2017" 的国际学者会议上发表的同名论文的 PDF 文件。阅读该文件就能快速对这个模型的思路、学习时的各种条件、参数、数据集的规模和性质有所理解。

如果准备下载这个模型，用于对自己公司开设的实体店的顾客年龄进行识别的话，因为人种、实际年龄和性别的不同，直接使用

---

① 在万维网上，每一信息资源都有统一的且在网上唯一的地址，该地址就叫 URL。

的话精度不会很高，达不到论文中提到的水平。但是，如果掌握了包括参数设置经验在内的模型构建思路，并用自己准备的数据进行学习的话，就可以用极低的成本，在极短时间内实现较高精度。相比从零开始构建，效率高得多。

还有一个建议是，将下载的模型在 Caffe 上使用自己的数据进行学习时，把它指定成预训练模型（Pre-trainde model）预先导入。这样完全没有权重配置和网络构造的状态就会被上述已经完成学习的"使用排名 CNN 进行年龄估计"（Using Ranking-CNN for age Estimation）所替代。以此开始的话，只要用自己的少量数据进行学习就能够用极少的成本和开发时间实现较高精度。

目的完全不同的模型，只要它们的识别对象是外观接近的图像，就有利用价值。因为比起从零开始，已有的训练结果可以提升获得较好收敛点的概率。

在 Model Zoo[①] 中，还有用 Chainer 和 TensorFlow 构建的模型。许多用其他框架构建的模型只需稍加修改或更改设置即可使用，即使不是自己常用框架构建的模型也具有关注的价值。

如果找不到针对特定领域识别的专用模型，那么使用适合于一切事物的 ImageNet 的预训练模型是一个方法。以在 ImageNet 学习后的结果为基础，针对特定领域使用较少的图片集进行学习，这样

---

① Model Zoo 是一个已上传完成深度学习后的模型库。在使用迁移学习构建 AI 时，如果存在类似的模型，可将其下载作为预训练模型。完成学习后的模型大小通常十到几十兆。

的方法比起从零开始学习效率要高得多。比起用少量数据制作预训练模型，然后用相同种类或只有少许差别的其他类型数据进行学习，以 ImageNet 的预训练模型为基础进行学习更能够获得较高精度。

当然，如果有足量的样本数据，那么使用对象相似的数据进行学习的预训练模型在保证高精度方面具有优势，这是毋庸置疑的。例如，在纤维行业，上百家本地企业互相分工协作收集多达几十万种以上织物原材料，用这样庞大的样本数据制作织物质地的识别模型。

如果是制作预训练模型，那么使用的色温、辉度的动态范围及光线角度不同，并且实际存在的各种图片混合在一起作为样本，这样的效果会更好。当然，样本数据应该统一为与实际识别时的环境条件一致（有必要的话可以使用色温调节工具等）。在此基础上构建外观检查的 AI。

通过这种方式，本地企业分担成本，有望提高本地产业整体的竞争力。如果各个企业能在追加学习方面进一步发挥自己企业的专业性，那么就能促进良性竞争。对于大企业而言，如果希望通过改变识别的对象逐步构建完整的专用 AI 产品线，那么利用预训练模型进行迁移学习的方法会非常有效。

▲ 将完成后的 AI 应用程序化、API 化

完成学习后的深度学习模型在开发环境中可以对单个对象进行

识别、分类，也可以对多个对象进行连续识别、分类。但是，开发
环境对于终端用户而言不易使用，如果操作时不小心，有可能会误
删模型，或更改了参数设置使得精度出错。由于标注人员和 AI 培
训人员日常工作主要以操作 Web 浏览器为主，因此模型本身并不会
配备用于生产线上的品质检查和异常探知时的用户界面。

　　因此，为了让终端用户能够方便放心地使用 AI 系统，API 化
是一个方法。如果能提供 AI 系统的 API，那么就可以很方便地把
AI 功能嵌入其他应用系统中。

　　各种开发语言都有五六种或十几种 API 的开发框架，其中许多
都广为人知。用于 Ruby 的 Web 应用开发框架最知名的是 "Ruby
on Rails"[①]，它以轻量、简便为卖点。其他优点也有很多。

　　用于 AI 应用和 API 开发的 Python 系统的开发框架中，Django
最有名。元数据公司在 2015 年公开的深度学习应用程序 /API "联
想词、关联词" 识别和应用 /API "猫辨识" 都是用 Django 开发的。

　　与其他框架相比，Django 的特点在于可以支持关系型数据库，
并且几乎拥有用 Python 构建 Web 应用程序时所需的所有函数库和
功能。开发带有用户管理功能的 Web 应用程序和 API 也很容易。
对于轻量级且紧凑型的应用程序，还可以使用 Flask 或 Bottle 等框
架，实现以小时或分钟为单位开发应用程序。

---

① Ruby on Rails 是一个可以使你开发、部署、维护 Web 应用程序变得简单的框架。

▲ 将 API 向世界公开

将 API 组合起来进行 Web 应用程序开发的方法被称为混聚开发。在 21 世纪前 10 年后期，类似于微软的 Popfly 等实现混合开发的在线开发环境相继出现。这些开发环境的特点是用能图示化的形式来表现 API 的输入输出界面，用线条链接数据设定处理顺序等，可以用视觉化的方法进行设计。但当时这些理念可能过于超前，并未获得成功，Popfly 也在 2009 年 8 月终止了服务。

混聚开发编程工作本身，可以说在之前提到的 Web 应用开发框架上进行更为舒适。此时需要的是能够在 API 群中搜索找到与自己目的最接近的 API 的目录服务。21 世纪 10 年代后期出现了好几项此类服务。

元数据公司也在我的提议下提供了"API 配对"服务，而且还有英日双语界面。这个服务能够把 2 个 API 的性能进行列表比较，帮助用户进行选择。但是由于维护的成本过高，这个服务于 2010 年停止了更新。

目前，整合了大量的 API 信息，适合从相似的 API 中选择并确认匹配性、考虑运营的目录服务几乎只有英语网站 ProgrammableWeb 这一个选择。它提供了各种各样的搜索和精选方法。例如，你可以找到主流日语 API（见图 4-9）。同时还具有可用于混聚开发者之间社交的元素。

MOST POPULAR JAPANESE APIS (10) ❓　　　　　　　　　　　　　　　　

View all

Name	Description	Category	Date
Sentiment Analyzer	The Sentiment Analysis API tells the expressed opinion in short texts is positive, negative, or neutral in 3-axes: like - dislike, joy - sad and anger - fear. Given a short sentence (currently only...	Artificial Intelligence	08.17.2017
NegativePositive Analyzer	The NegativePositive Analyzer API tells whether the expressed opinion in short texts is positive, negative, or neutral. Given a short sentence (currently only Japanese is supported), it returns a...	Artificial Intelligence	08.17.2017
5W1H mextractor	The 5W1H mextractor API attaches intelligent metadata to unstructured content written in Japanese to enable text analytics. It extracts 5W1H - proper nouns and numerical expression. 5W1H mextractor...	Artificial Intelligence	08.16.2017
Word Associator	The Word Associator API is a language platform that facilitates the categorization of similar or related Japanese words in the order of their similarities.	Artificial Intelligence	07.18.2017
Tokyo Art Beat	This XML API allows your Web application access to Tokyo Art and Design information and is used by artists, audiences, galleries and art museums. It returns Name, Description, Price and more. The...	Art	03.08.2017

ALL JAPANESE APIS (56)

View all

图 4-9　最受关注的日语 API 一览

▲　争取各种安全措施保护隐私

在构建医学图像辅助诊断 AI 系统时，图像中包含的患者个人信息会事先删除，不会输入到 AI 系统中。这部分信息在 AI 处理完成后可以由与患者相关的医师进行恢复。这不仅是因为这些个人信息不属于应该被识别的特征，更是为了不让 AI 开发人员接触到患者的隐私。这涉及所谓个人隐私保护的伦理问题，数据必须被严格管理。

在之前提到的厚生劳动省科研项目中，为了对涉及个人信息等伦理道德问题的部分制定规范并获得伦理委员会的认可，东京大学医学院的宫路天平先生作为专任研究人员参与了该项目。

除了此类个人隐私的措施，AI 系统本身的安全措施也很重要。花费巨大成本背负责任开发的系统，必须保护其不被盗用以及不正当地使用。

和没有恶意、但无意中住进了没上锁的别墅一样，无意之间在伦理道德范畴侵犯他人权利的风险一直存在。为了防止此类风险发生，在线系统需要采取充分的保护措施。目前，在 AI 和深度学习领域，对于个人信息保护并未采取足够的措施。

深度学习是学习输入输出对应关系的端到端的计算。如果针对 API 化的 AI 发出大量各种各样的查询，实际上几乎可以拷贝样本数据。

在原先学习时使用的图像等输入数据理论上都会被完全隐蔽起来。但是，如果有盗用意图的人使用自己的大量图像数据，通过 API 拼命调用现成的 AI，就可以节省大部分为自己的图像数据进行标注的工作。

深度学习的云服务供应商需要时刻检查有没有被恶意使用。如设置规则对访问量及内容、质量进行自动检查，可以起到保护自己的目的。

而文本解析类的 API，例如，元数据公司提供的负面情绪甄别 API 和情感分析 API、语义分类 API 等也曾接到过"输入一个单词是否能得到回答"这样一个询问。实际上，此用户查询了 30 万次，企图将 AI 的词典抽取出来。于是我们只好慌忙采取措施，规定如果输入内容达不到几个单词、十几个字符的量就返回出错信息。

有报道称物联网的安全隐患很大。因为物联网终端使用的传感器一般只会使用 8 位 CPU，计算能力非常薄弱，只能处理少量数据。因此，相对于 PC 或智能终端，防御病毒与恶意攻击的能力非常脆弱。

出于成本和重量之类的限制，在终端上执行高级加密和解密的确非常困难。但是依然有必要采取类似强化 IoT 设备访问的服务器端的安全措施，以及将无线射频识别（radio frequency identifier，RFID）设备替换为低功耗的 Wi-Fi 设备等措施。

自动驾驶的车辆也可以算作一个巨大且复杂的 IoT 终端。如果它感染了计算机病毒，或被黑客截取了操控权限的话，就有可能造成危及乘员生命的重大事故。NVIDIA 正在面向自动驾驶车辆开发低功耗 GPU 并进行实验，可以想象今后具有自动驾驶功能的车辆及高级辅助驾驶功能的车辆会配备小型高速 GPU。这样一来，就可以利用高达 TFLOPS 级别的运算能力实现复杂的加密，加强防止黑客的网关措施。

▲ 以眼还眼，以 AI 对 AI

配置在云端的 AI 及其用户，会遇到什么样的安全问题，又该如何考虑对策呢？除了普通的针对云端的安全措施以外，需要注意避免在云端 AI 进行学习过程中的数据准备、上传、模型发布、下载等各个环节的信息泄露。将海量的、庞大数据进行分割、加密后传送至服务器时，也许需要采取一些扰变（防止数据被解读），以及每分钟自动切换解密密钥的机制。

在 SNS（社交网络）上向公众广泛收集学习用的样本数据时，数据的内容可能会发生安全性问题。2016 年在 Twitter 上，微软的聊天机器人 Tay 发出的对话中含有歧视性言论，一时间舆论哗然。无法确定当时它是否遭遇了怀有恶意的攻击。

今后，不仅需要针对使用偏向性数据、伪造数据（假数据）或与正确样本完全相反的错误数据混入学习数据的恶意攻击采取措施，也要防备将带有歧视性质或伦理上有害的数据混入学习数据这样的恶作剧。

对于样本数据的过滤和准备时的检查工作，只有使用 AI 这一种有效方法。如元数据公司推出的能够检测各种有害语义内容的 NG 识别 API 就是其中之一。

不仅对于文本和图像，对于含有情感的声音数据也能够制作过滤器进行检查。以往的数据差异，输入相同输出不同的情况，以及相同输入却出现完全相反的情况，识别结果的"矛盾"都能被检测出来，并在一定程度上可以实现自动去除。人机界面遇到难于判断的情况就会发出警告引起该项目负责人的注意，请他下达人为判断。

使用 AI 的业务系统在运行时的安全措施可以参考 IT 基础架构库的安全管理指导手册。其中对于实际运用中可能发生的意外情况已做具体的预想，对于这种情况下的事故管理、问题管理、变更管理都给出了相关通用性的指导方针。

包括隐私保护措施在内，对所有数据的检查只能"以 AI 对

AI"。毕竟人力在速度、成本、精度、识别标准的一致性方面难及AI。由于 AI 的实时识别也难免存在纰漏，因此需要人工进行双重检查。对单纯用 AI 无法判断的有可能含有侵犯个人隐私的图像，能将其保留暂缓公开，留出人工双重检查的时间。

此外，在研究界，有关严重侵犯隐私的事件和安全漏洞的各种高级案例在人工智能学会的《我的书签：机器学习的隐私和安全》[①]一文中有所总结。最好看一下有关将来可能出现的事故及相应措施的示例。

2017 年上半年有一个案例成为热门话题，即有人从一张照片中提取了正在做 V 形——胜利手势的手指指纹，成功通过了指纹解锁。这个案例表明，现今的智能电话搭载的高清摄像头制造了意想不到的安全漏洞。

在将来的日常生活中，不可能在任何时候都戴着手套，以防止指纹出现在摄像头前。我们应该在推广低成本的能针对含有手指腹部图像的照片自动消除指纹的技术的同时，制定法律法规将采取类似措施的义务赋予涉及个人信息的业务运营商。

▲　保护 AI 开发企业的防盗版措施

AI 开发企业在交付本地部署的服务器时，需要采取措施防止被拷贝或超过授权数量的使用。如果交付的形态是将知识与技术移交

---

① 作者是理化学研究所创新智能综合中心（AIP）的荒井广见。

给用户，对授权没有限制的话，那么无须采取上述措施。但如果交付形态为对完成学习的模型具有单方管理、维护责任的话，那么上述措施就是必须的。

在本地部署的 AI 服务器有两种主要交付方式。一种是交付服务器硬件，另一种是在云端生成虚拟服务器的区域进行交付。近年来，不需要占地面积，维护方便的云端服务器越来越受欢迎。

如果是服务器硬件，可以通过物理复制配备 Linux OS 的引导驱动器（SSD/HDD）来克隆服务器。这种情况可以采取必须使用不可复制的 USB 设备才能启动程序的措施来防止。这种物理安全设备被称为"加密狗"。

那么如果是云端的专用服务器该怎么做？例如，在 AWS（亚马逊 Web 服务）的服务器可以通过创建一个专用的服务器映像，并把其中的内容全部镜像复制到其他区域来实现对服务器的拷贝。这样会导致 AI 供应商根据处理容量来收取相应的权利金的商业模式遭到损害。

一方面由于云端没有 USB 端口，无法使用"加密狗"；另一方面，虚拟主机具有 MAC 地址，制作一个在服务启动时扫描该地址的脚本，同时通过编译或混淆等对策以使该脚本无法重写，这样就可以实现虚拟主机只能在 AI 供应商指定的 MAC 地址上运行。

如果服务器部署在 IDC（因特网数据中心）机房，有可能存在数据中心的管理人员无法使用"加密狗"的情况。此时如果是租借机柜的话，那么基本上与部署在本地的服务器相同。假设无法请管理人员负责"加密狗"的插拔，那么可以在一开始就从插上"加密狗"的状态将服务器运送到数据中心。此时需要将服务器稳妥地进行装箱以免运送途中受损。如果数据中心禁止用户入内，那么原则上不需要特别的安全措施，但是保险起见可以在启动时检查 MAC 地址。

⋏　主动公开部分源代码的交付方法

在最新的深度学习库中有 Deeplearning 4j。它对应很多传统 IT 系统的程序语言 Java，并可以运行 JVM（Java 虚拟机）。使用 Java 语言可以较为容易地隐藏代码，在交付部署在本地的软件产品时可以保护知识产权和软件资产，较为放心。

对于 Python，大家一般只关注它具有既是高级语言又是注释语言的特点[①]。其实它可以编译成源代码无法被读取的 .pyc 格式进行交付。此外，还可以像 Ruby 语言一样，进行加密处理（模糊处理）。例如，通过隐藏映射表将代码中的单词和序列进行完全变换，并且打乱代码的换行和结构以防止代码被读取。有了这样的保护措施，AI 开发企业就可以放心地销售授权。

在交付机器学习类 AI 产品时，完成学习后的模型运行后，用户方可能会提出追加学习或对应其他天气条件、光照条件制作新模型的需求。

---

① 串行执行解释机器语言通常不会隐藏源代码。

此外，非深度学习的 AI，如多对多匹配引擎 xTech 时，考虑到评估求职者与用人企业的匹配性算法是人才中介企业的竞争力源泉，因此在 on-premises 交付时会将此算法部分的 Python 代码公开。

用户企业可以修改这部分代码，自行扩充函数，并相应收集求职者和用人企业的数据。这是 AI 时代新的商业模式。

俗话说"吃亏就是占便宜"，今后越来越多的企业会尝试将自己公司完成学习后的模型进行公开，以使自己的业务模式和生态系统能够更良好地运作。我认为，在这样的背景下，深入理解本书内容对于今后将 AI 纳入价值链和规划新业务中非常有价值。

第 5 章

AI 部署人才应具备的技能

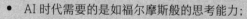

- AI 时代需要的是如福尔摩斯般的思考能力；
- 开发工作的重心是样本数据的准备；
- 目标是智能劳动而非知识劳动。

到第 4 章为止，我们介绍了在业务层面运用 AI 时应该具有的问题意识，以及应该采用什么样的流程来推进。在这一章里，我们稍稍改变一下视角，从 AI 部署人才需要的技能出发，谈谈在 AI 部署的过程中有关人才的话题。

在日本，人口老龄化问题日益严重。预计到 2030 年，从 15 岁到 60 岁的劳动人口将减少 819 万人（见图 5-1）。比起整体人口的减少，劳动人口的减少速度会更加严峻。

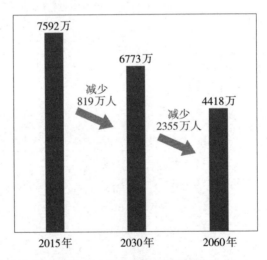

图 5-1　日本劳动人口的预测

资料来源：2015 年数值来自总务省的《国势调查》，2030 年和 2060 年的数值来自国立社会保障与人口问题研究所的《未来日本人口推测（2012 年 1 月）》。

目前，和欧美相比，日本的事务性工作的生产效率较低，因此更有必要竭尽全力推动 AI 的普及，以使生产效率持续提升。社会及经济的结构如果没有扭曲和偏向，那么生产效率高的人自然能够获得更高的收入，社会的平均收入自然也会上升，因为更多的财富和附加价值会由少数人进行分配。

⌃ 用户企业如何获得 AI 人才

无论身处何种时代，优秀的人才往往供不应求。在 AI 部署、运用方面，无论是获得还是培养能担当各种工作的万能型人才都极为不易。

AI 属于新生事物，能在短时间内熟悉 AI 部署的人才，基本上只能通过培养从事其他传统业务的人员来获得，或将员工派往其他先行完成 AI 部署的部门和企业进行学习培训。

还有一种方法是，在一定期限内接受劳务派遣公司的能够熟练运用 AI 的员工，让自己的员工跟随他们一同巡视运用 AI 的业务现场，学习各种经验，完成包括隐性知识在内的知识迁移。与我经营的元数据公司类似，部分能够对 AI 部署进行指导支持的企业，会允许用户企业的员工进行为期数天的 AI 部署指导训练，来完成知识迁移。

仅仅依靠书本知识与浏览网页总有让人无法理解的地方。通过专家的指导来进行实践，是短期内获得经验，完成知识转移的好方法。

▲ 用户企业的管理人员应掌握的心得

接下来，我们把视角转移到用户企业的管理人员上。如前所述，目前将 AI 引入后一般都会使业务流程复杂化，它会因为混淆矩阵和概率值而产生更多分歧。

管理人员需要在对新的业务流程整体进行把握的基础上，考虑员工的合理配置。在新的业务流程中，需要大量进行目视、耳听的判断工作可以交给 AI 来完成。而人类的职责就是对 AI 的输出结果进行二次检查，判断 AI 的判定逻辑是否正常（按正常比例输出混淆矩阵），或对于发生的例外情况考虑应对之策。

如果对此缺乏清晰的认识，而贸然引入 AI，则可能导致新的业务流程比原来需要更多的人手。AI 可以承担的工作量是原来人类能够承担量的好几个数量级，因此人类可能会陷入对 AI 结果进行二次检查的无尽的工作中。

扩展监控对象有利于提升服务的质量和覆盖范围，绝不是一件坏事。但是，如果被 AI 具有的高度处理能力（单位时间内能够完成的工作量）夺去了主动权，导致人类忙于收拾 AI 不理性的输出结果而成为 AI 的附庸，那就本末倒置了。

因此，我们应该不断关注 AI 的处理容量和精度，逐步提升服务水平。一方面，应有条不紊地扩大服务覆盖范围（适用对象范围和受益者人群）来提升竞争力；另一方面，人类应更多地承担需要高度的判断力、想象力、交涉力、验证力、协调力和附加价值更高的工作，同时控制人员的增长以提升生产效率，这才是引入 AI 的企业应瞄准的目标。

为了实现这样的目标，具有管理才能（处理能力）的人才必不可少。对于突发事件做出妥当的应对，发现问题并判断其重要程度，同时考虑恰当的解决方案进行实践验证，要做到这些需要具备优秀的想象力、反应力、创造力（创意能力）。我认为 AI 时代尤其需要具备这样能力的人才。

▲　AI 时代需要我们具备福尔摩斯般的思考能力

大多数创意都是充分进行逻辑思考的结果。能够打破既定观念，坦诚地观测数据构思假设，并反复进行归纳和演绎加以验证，这是 AI 时代尤其需要的态度。

那种看着 Q&A 对照表立即就希望获得结论的做法，或只是在背诵过的知识范围内求索的思考方式，都无法获得新的创意与认知。对于事物的本质与思考过程毫无兴趣，却希望迅速获得答案的急躁心态，只会带来脱离事实的后真相（post truth）。这样的状态，根本无法解决 AI 引入、运行以后产生的各种新问题。

许多诺贝尔奖获得者从自己的研究经历中得出了"真理在细节""细节即神灵"的结论。他们中的大多数人的行为与那些聪明的优等生完全相反。面对与教授、上级的预期不同的实验结果，他们不会因为忌惮上级而认为这仅仅是由于自己的失误所致，也不会为了得到上级期望的结果而不断重复实验，甚至修改结果。他们都属于良性的不识时务之人，真诚地接受现实，乐于获得其中蕴含的新发现，并深入广泛地进行充分的理性思考来追究其原因。

作为一个具有出色观察、推理和演绎能力的虚构侦探，夏洛克·福尔摩斯对任何线索都追究到底，探索证据与反证，一一排除可能性。他能够把从过往的犯罪案件中获得的广泛知识、物证相关的化学知识及从线人处获得的信息与犯罪现场进行比对，以此推测犯罪经过。

福尔摩斯依靠仅有的一点线索，用敏锐的思考能力和逻辑能力进行演绎，并将证据、事实和动机构成的各种可能的因果关系一一排除，最终找到常人无法找到的真相。然而，如果仅依靠直觉急于得出结论而不认真思索，就很难真正解决问题，这点从小说和电影中也可以感觉到。

我认为 AI 的引入和利用也同样如此。如果想要对使用 AI 的业务进行良好的管理，真正解决现场问题，提高生产力，提高服务水平和覆盖范围，就要像福尔摩斯的思考与行动所象征的那样，人类独有的高度智能比技术知识还要重要。

▲ AI 人员所需的资格和专业领域

2016 年以后，每次演讲时我都会被问到这样一个问题："在招聘 AI 人员时应该选择具有什么相关经验、什么专业的人才？"

如今，在日本和美国，重视 STEM 教育蔚然成风。STEM 是科学（Science）、技术（Technology）、工程（Engineering）和数学（Mathematics）的英文首字母缩写，微软日本公司前总经理成毛真也曾强烈推荐。在美国，甚至有言论认为，介于职业学校和大学中间的社区学院实施的高等教育中的基础教育部分应该转向 STEM 教育。

STEM 教育在增加 AI 人才方面的效果如何？深度学习所需要的数学水平相当高，增加数学学科的基础性人才，并不能有助于培养对深度学习有所突破的科学家。

AI 的基本部分会用到大量 OSS（开源软件）。能使用开源软件将现实世界的问题模式化，利用 AI 来解决它，这样的人才又该如何培养呢？以我的实际感受而言，开拓所谓的文科系领域，特别是人文学科的领域，使其高度不断有所突破是首要任务。人文学科是一门研究自然科学现阶段无法究明的人类本质和人类社会特性的学问，是探究"人类是什么"的学科。

我坚持该主张有三个主要原因：

原因 1：担负起 AI 时代的人才需要具有以下几个 AI 不具有的能力：

- 人类独有的判断能力；
- 沟通能力；
- 劝说、谈判、建立共识的能力；
- 接待能力（所谓服务于客户的能力）。

原因 2：目标精度的设定与混淆矩阵是传统 IT 中并不存在的新事物，必须结合人类的特点重新设计融入了这两个新事物的业务流程。

原因 3：IT 工程师所需的技能发生变化，需要能够掌握人类需求本质的技能。

原因 1 代表我的一个看法，即为了充分发挥 AI 的效能，使人类可以从事自己真正擅长的工作，以此来构建新的业务流程。我们应该重点研究人类与人类群体的特性，对研究成果进行广泛的教育和传播。敢于推翻数据代表的结论，另辟蹊径的"投机性"判断力也是人类独有的。

作为原因 2 的补充，一些传统的系统集成商并不具有系统精度的概念，而且陈腐地认为 AI 也如同传统的系统那样能够 100% 实现分支条件。以这样的状态进行 AI 部署的话，别说是零起点，简直是处于负分的位置。

AI 的判断精度无法用语言和数学公式说明，也无法在设计文档中明确。它会自动将无法用逻辑判断的特征抽取出来，学习的结果基本是黑匣子。

为了使用这样的 AI 来解决业务问题并提高投资回报率，相比工科和理科，以及心理学或者社会学，用概率论和统计学探索无法用 0 和 1 解释的世界，这样的文科学问更接近 AI 的本质。这就是我提出原因 2 的理由。听说最近的经济学已经不喜欢把市场参与者都设定为同样性质，进而用简单的公式得出结论，而是会使用许多心理学方法，高精度地模拟现实世界。

在医学院的流行病学研究、健康与卫生、工商管理和法律等领域，以数据分析为主要业务，以统计核实为工具，努力确保结论的确定性和准确性的人才，我认为适合开发特殊用途的 AI 并能够确保 AI 引入后的效果。

除此之外，可以说那些在难于制定清晰理论的实践科学领域具有研究经验的人才也适合 AI 方面的工作。实验设计和统计的基础也将是强有力的武器。即使是应届生，如果有一年左右科学研究实践的经历，也能够自己独立思考并评估方法写出毕业论文，这样的人才所具有的经验也十分宝贵。

▲　旧知识可能成为绊脚石

传统 IT 系统的陈腐观念可能对 AI 的应用产生负面影响。

我经常被要求像传统程序那样用"if...then...else"说明 AI 的规格，并且在 AI 的设计中每个分支的输出结果都要有 100% 的精度。这类情况并非发生在很久以前，我在 2017 年以后也多次收到这样的要求。

对于这样的要求，我会解释说"AI 系统中 100% 精度的规格根本不存在，因为 AI 的原理是模仿数亿神经纤维，依据神经节的权重（通过学习自动调整，黑匣子形式）机械性提取的特征值会发生变化，判断结果也会相应地改变"。对方会反复强调"所以才希望把这个过程用设计规范明确出来"。实际上也发生过用这种传统 IT 思维强行进行 AI 部署导致结果失败的案例。

每当我听到或看到这样的事例就会想，相比上述这些被传统 IT 理念束缚的人，对 IT 没有概念的人文系、艺术系的人也许更容易理解 AI。说法可能不好听，但长年沉浸在传统 IT 中的系统工程师

（SE）在 AI 部署方面可能是零起点甚至是负起点。

另外，在评估精度时要注意不要成为找碴儿者。精度的评估需要公正的态度。刻意追究只是偶尔出现的单个错误，将其当作了不起的发现向上级或同事散布 AI 无用论的做法并不可取。我有过好几次因此错失订单的经历。

找碴儿者只会拖后腿。对于新的业务流程，对其整体的平均精度以及成本、安全性做出定量的评价，并讨论评价结果的可靠性才是应该采取的态度。

但是有些情况下，AI 输出错误结果在性质上与人为误差非常不同，确实容易受到找碴儿者的质疑。例如，将一位母亲的刚睡醒、头发乱糟糟的照片交给 2017 年的 AI 识别，那么它有 95% 的概率会将其识别为一位母亲，有 4% 的概率识别为雄鸡，还有 1% 的可能性将其识别为野生玉米，这和三岁左右小孩的识别结果有很大不同。

作为对策，可以从混淆矩阵中抽取一些误差样本，对它进行检查并考察其副作用，然后考虑人为进行纠正的方法。

▲ 样本数据的准备成为开发工作的核心

对于原因 3 再做一些补充说明。在深度学习等 AI 部署 / 运用项目中，开发工作的核心部分从编程转向样本数据的准备。这意味着位于 IT 工程师下面的基础人员，即编程人员（按系统设计书编写源代码的人）变得不被需要了。

这就是为什么我认为提高科学技术基础的能力毫无意义。首先，各个院系和专门学科都能培养出 IT 工程师。元数据公司的首席技术官松田圭子就出身于人文学科。

另一方面，能够察觉用户需求的本质和深层意义，能够评估软件使用体验并改善设计的提案型销售人员以及软件工程师在 AI 的部署 / 运用项目中不可或缺，多多益善。在 AI 时代，要立足于人性特点来评估并改善人机界面的质量，就需要运用这样的人才所具备的为人处世的教养以及与客户谈判和说服的沟通技巧。

在大多数情况下，在部署 AI 时，相比重新编程，能够适当利用现有的 OSS、数据库等资源的能力更重要。例如，使用前一章提到的 Google TensorFlow（是一个基于数据流编程的符号数学系统）时，很少需要在数学层面理解框架的内部结构和原理并对其进行改造。当对图像识别的各种图像进行预处理时，可以将许多任务委托给开源 OpenCV 图像处理库。

如果能善用 OSS，能够客观地观察数据并设计解决问题的方案，即使没有编程能力也可以进行 AI 开发。甚至可以比传统 IT 开发人员更智能、更高效地优化样本数据集，实现高精度。[①] 在元数据公司，还有来自法律部门的人员从注释人员转为优秀 AI 开发人员的案例。

---

① 数据的准备和结构化、增值是当今 AI 部署和应用的最大瓶颈。2017 年，元数据公司发布的文本分析应用程序"AI Positioning Map"最新版本"Mr.Data"旨在帮助消除这一瓶颈。它是如同《星球大战》中的 R2D2 机器人一样，默默地完成巨量计算，坚实可靠的 AI。当文本中出现城市名称时，将自动生成包括城市、城镇等在内的地名序列（东北、关东、中部等），并以饼状图等进行统计。

▲ 在 API 经济中擅长混聚开发的人才更重要

AI 时代，应用能力比编程能力更重要，因为 API（应用程序编程接口）经济会广泛普及。

上一章讲解过将开发的 AI 系统作为 API 发布。我认为对于使用 AI 的公司来说，能够在有需求的时候，方便地在线试用一些专用 AI 非常有价值。因为这样就能通过嵌入各种 API 来混聚开发，快速构建应用程序。

混聚开发最快可以在大约 15 分钟内完成。在许多情况下，在一天或最长两三天内就可以创建出具备 API 提供关键功能的原型。如果 API 设计良好，就应该能够在短时间内集成到现有的大型应用程序中。迅速尝试使用这类原型，从技术和商业角度评估其有效性，就可以制订具有较高现实可行性的商业计划。

混聚中最重要的是新服务的创意。使用 API 在优秀的 Web 应用程序开发框架（Ruby on Rails、Sinatra、Cuba、Python Django、Bottle、Flask 等）之上快速构建创意的原型，并结合自己与他人使用后的评价进行改良，这样创造新服务的可能性会极大提升。

创意之后重要的是 API 的选择，这好比烹饪时对食材的斟酌。前一章中介绍过的 ProgrammableWeb 是一个带有全局 API 目录和 API 应用程序（混聚开发的作品）的交叉引用网站。截至 2017 年 8 月 30 日，已有 18 191 个 API 注册。元数据公司有大约六种类型的 API 已被接受，只要在网站上通过信用卡付费，就可以获得全球范围进行商用的许可。

各种专用的 AI 接口已经在全球范围内流通，可以很容易地被搜索和查看，并且在许多情况下可以通过信用卡在线支付，支付完成几十分钟后即可用于商业用途。可以预见，有利于 AI 接口流通的环境今后也将得到不断扩展，强化 AI 部分的应用程序将被更快、更廉价、更优秀（具备实用的功能和良好使用体验）地创建出来。

运用 API 创建各种崭新的混聚和高速原型的，更多的是业余编程爱好者（心怀热爱的人），而不是那些只会通过教科书和 OJT^① 死板地学习技术的人。这是一群抱着娱乐的心态，将自身作为用户，用快乐、有趣的感性努力地创造作品的人。

通过购买产品和服务，或直接出资支持他们创业，抑或在企业内部培养这样的人员，这些都是催生 AI 新服务的秘诀。在企业内部举办黑客马拉松活动，在行业内先于竞争对手将企业内部的政策转向鼓励开放式创新，就可以在 AI 时代培养出能赢得内外市场的竞争，能够开发出先进服务的创新型人才。我认为这种放眼于未来的 API 经济，持续思考 AI 人才战略的态度极为重要。

▲　AI 人员的沟通能力不可或缺

部属、运用 AI 的人才需要高度的沟通能力。这里所谓的沟通能力，并不仅限于直接交流的能力。我们以 OSS 的运用为例来说明这一点。

---

① 所谓 OJT，就是 On the Job Training 的缩写，意思是在工作现场内，上司和技能娴熟的老员工对下属、普通员工和新员工们通过日常的工作，对必要的知识、技能、工作方法等进行教育的一种培训方法。

一个在国际上被广泛使用的 OSS，其实践技巧和经验可以从内部与外部的许多渠道获得。除了供应商和创作者的博客之外，还有大量英文、中文和日文网站资源（各个语言的网络资源数量也符合这个排序）。

要在这些网络资源中准确找到需要的答案，必须能够以资深开发人员和先行体验者的视角，检索和自己的问题有关的文章或者错误信息，并以此为线索精确地搜索到目标信息。

站在对方的角度，考虑如果是对方来描述的话会怎样，这是一件非常需要想象力的事情。这也可以说是一种广义的沟通能力，如同深入阅读书籍即是与作者交流一般。

如果是博客，可以通过留言与作者直接对话。如果知道电子邮箱，也可以通过邮件询问。

如果能够得到作者的回复，请不要忘记表示感谢和赞美，并提供自己知道的有用信息作为交换。如果没有勇气这样做，那么使用人力搜索网站也很有用。如果能够简明扼要并毫无歧义地用英语或日语提出问题，那么许多有经验的前辈一定会给予解答，这样等于也帮助了那些有相同或类似经历的人。

需要注意的是，即使是同样的内容，如果自己的表达态度生硬或以自我为中心的话，也可能会使对方反感。因此，能够用幽默且委婉的文字、恰当的英语（或者中文、日文）进行表达，同时字里行间能够让人感觉到抱有同样疑问的人可能有很多，那就最理想不过了。

也许大家会觉得这太难了，但其实在翻译软件的帮助下，也能够写出让人看懂的外语句子。最近的翻译软件，翻译的内容和表达方式都有提高，能够忠实地表达原文的意思，即使有些表达不恰当的地方，大多数读者看了以后知道作者是外国人也会谅解。

从上面可以看出，福尔摩斯般的思维能力加上出色的沟通能力和情商，这样的人才在使用 OSS 进行 AI 的部署、运用方面能发挥出极高的生产效率和解决问题的能力。同时，要引入从外部获得的意见，让公司内部赞同自己的主张，调动周围相关人员并对他们进行激励的交涉能力和妥协能力也很关键。对于处于业务推广关键位置的人员，这些品质尤为重要。

▲ 知识会迅速过时

"只要掌握一门专业知识就可以一辈子高枕无忧"这样田园牧歌式的想法已经与时代不相容了。当然，在某些行业可能依然存在这样的情况。

一个典型的例子就是，以意大利为代表的欧洲各国的导游行业。在这些地区，导游是一种垄断性资质，如果没有资质而私自带领游客游玩会被处罚。如今，依靠智能手机的 App，可以轻而易举地获得大量旅游信息，并且翻译软件的准确性很高，导游这个职业已经不是一个"铁饭碗"了。

如今，在许多行业，要保持自身的竞争力必须每年、每月、每周，甚至每天都要获取新知识来实现知识的更新，因此一生都要持续学习。

硬盘的发展就是知识迅速过时的另一个典型例子。在 20 世纪
90 年代，在某个知识库中硬盘被描述成："计算机的外部存储设备。
有几种连接方法，但主流是 3.5 英寸的 SCSI。最受市场欢迎的容量
为 130MB，价格是 14 万 ~ 16 万日元。相比秋叶原的实体店铺，在
STEP 网站上购买更便宜。"

我无法忘记 2010 年左右看到这个描述时的震惊。STEP 是一个
价格低廉的网上购物商店。即使你不知道曾有过这样的网上商店，
只要有用 7000 日元购买 3TB 的 SATA 硬盘这样的经历，看到这样
的描述就一定会感慨不已。容量、价格及流通的常识，竟然会在这
么短的时间里发生如此巨大的变化。

如果知识陈旧化的速度如此之快，那么终归要让 AI 实现自我
更新。这是 AI 研究人员在之前第二个 AI 热潮的末期所确信的一点。

首先，我们要关注被旧知识束缚的危险性，以及通过互联网几
乎可以获得无尽知识的事实。在过去的 10 到 20 年间，知识本身的
价值和价格已大幅下降。

人类工作的重心，也随着知识的不断更新，转向对底层方法论
的运用，例如，如何处理新知识及对其进行加工、改造、转用来创
造知识的方法。这种运用底层方法论随时获得新知识并立刻实践的

劳动，我们称之为"智能劳动"。[①]

▲　从知识劳动到智能劳动

对于运用 AI 的人来说，应该尽力使自己成为智能劳动者。AI 本身也将不断发展，能够担负起智能劳动。

知识劳动和智能劳动的界限虽然很难划清，但 100% 按照操作手册指示的劳动不能被称为智能劳动。我们把能够接受模糊指令、自行获取需要的信息和知识完成任务的 AI，称为 AI 特工。可以说，这是接近智能劳动 AI 的一个例子。

底层知识就是能够随时获得个别知识并将其运用的知识。面对问题时，能够判断"那里有一些可能有用的内容"或"那时候的方式可能有用"的知识也是底层知识。有意识地使用底层知识，在知识需求发生的时候立刻搜索和发现新知识，并加以运用。有时需要当场创造一些新知识或底层知识，以便在有限的时间内解决问题。很少被使用到的知识被迅速舍弃，将其切换成新的、有用的知识，以此来面对没有体验过的情形，及时解决问题。

以上就是一个聪明工作者的形象。而目前的 AI，只能依靠学习数据的质量和数量，无法深入广泛地理解一般常识和物理学的专业

---

① 有关"将即时获取的知识加以合成、创造并再利用"，我举一个科幻电影《黑客帝国》中的例子。主角尼奥指着一架直升机问女主角崔妮蒂："你会开飞机吗？"她回答道："还不能。"同时眼皮高速痉挛，几秒钟后，她就熟练地驾驶直升机飞走了。目前，AI 研究人员就是致力于通过将 AI 在物理、生理上与人类结合来直接提升人类的能力，实现电影中的场景。

知识，无论如何也成不了智能劳动者。

在智能劳动中，类似于能迅速地把未知领域、冷门领域的研究论文中精要内容和问题点提炼出来，创意解决方案的能力非常重要。这在每天都会有几百篇论文发表的 AI、生物技术和医疗等领域尤为宝贵。

在这些领域，很容易找到大量关于解决现存问题的信息，即使花上千年也读不完。对于这样庞大的信息量，如果不能按照最新的问题意识和价值观进行取舍，以极快的速度进行概略性地浏览，并且当场舍弃无意义的知识的话，就无法保证始终处于研究的最前沿。这样的工作方式，对于工作在创新型 AI 运用现场的智能劳动者而言，是理所当然和必须掌握的。

今后，不仅是现场的负责人员，管理者也应该以成为智能型管理者为目标，担负起智能型管理工作。

开放式合作的时代需要我们具有新的管理能力，能够从容应对个性迥异的团队成员突然加入的情况。根据业务内容和成果对创造性的要求，重新调整工作量，以便能够提升生产效率。同时考虑新的工作流程，以便能够迅速整合并收获成果。在此基础上，对新加入的成员分配工作任务。

此时，需要我们设置一些假设，选择可行性较高的假设加以实践。为了验证假设是否成立，还要在实践过程中仔细确认和监测。

如果作为管理者不能适应新的工作方式，对以上的诸多工作进行适当的安排和指挥，那么开放式合作就很难实现。

⅄　知识将可以无偿获得

知识劳动转向智能劳动的原因之一，是知识将逐渐可以无偿获取。虽然这与 AI 人才所需要的技能不甚相关，但如果大家有志于从事 AI 工作，那么掌握这一方向很有意义。

高级知识的代表性例子包括发布大学和研究生院的讲义材料和教材。例如，麻省理工学院（MIT）于 2001 年创办了 OCW（开放课程），将大学的正规讲义和相关教材发布在互联网上，供全世界的教师和学生及自学者无偿使用。除了在知识领域做出社会贡献之外，这样的做法也有助于提升大学的声誉，吸引更多优秀的学生入学。

麻省理工学院版的初期 OCW 的数据格式已经被日本十多所著名大学采用，推动日本版 OCW 的组织也已经成立。据麻省理工学院前 OCW 发言人宫川繁教授（麻省理工学院语言学院，2013 年任东京大学教授）称，从公开教材资料前进行的商业模式探讨和模拟结果来看，募集资金逐步扩大公开教材的数量，最终实现所有教材无偿公开的做法，在经济上对学院最有利（相比直接向教材使用者收取费用，无偿公开对于学校的益处要大得多）。

日本大学提供 OCW 内容数量从 2005 年的 153 个开始，至今一直保持稳步增长，到 2013 年初已经达到 3061 个（数据来自 JOCW 网站）。但是，80% 以上是日语，16% 是英文，英文版只有 489 个。今后，通过丰富英语内容的质量和数量，有志进入日本大学的学生会日益增加，日本大学的国际竞争力必然会因此得到提升。

作为 OCW 公开的不仅仅是主要教材。有一些试题、课题报告，甚至包括以前没有涉及的讲座视频都会进行公开。据说有许多来自亚洲和非洲热爱学习的年轻人利用麻省理工学院的开放式课程获取高度的知识。OCW 和只要 100 美元就可以买到的廉价 PC 一样，是对人类贡献极大的平台。[①]

Coursera 是 2012 年美国斯坦福大学创建的包含了 OCW 的 e-Learning 平台，近年来得到了长足的发展。它除了 OCW 一样，通过与世界各地的大学合作，免费在线提供这些大学的课程，还具有在线考勤管理、考试、发行课程和完成证书的机制。免费试用期过后需要支付较少金额的"学费"，这点和 OCW 不同。但因此，用户可以获得考试、评分服务并获得课程完成证书。

截至 2012 年 11 月，已有来自 196 个国家的 190 万名学生在推出只有半年的 Coursera 上进行了注册，并参加了多个课程，完成率为 6% ~ 7%。截至 2017 年 8 月 30 日，149 所大学提供了 2000 多门课程，有 2500 万学生（三年里增加了三倍）参加了不止一门课程。一到三年内就可以获得在线教育的学位，所需要的成本从 15 美元到 25 000 美元。

如果关注一下 Coursera 的首页，就可以知道机器学习和数据分析等与 AI 相关的课程最受欢迎（见图 5-2）。

[①] 每年支付超过 40 000 美元学费的学生可能会认为这样免费不公平，但在线下的课程包括了与老师一对一的问答，如同接受医生的个别诊查一样，同时还可以获得学位，因此从价值而言并不吃亏。

图 5-2　Coursera 的首页

　　课程大部分使用英语，部分使用西班牙语和中文，还有少量法语、俄语和葡萄牙语（巴西官方语言）课程。如图中左列的 Subtitle Languages 所示，许多课程提供多种语言的字幕。带有日语字幕的课程有七门。[①]

　　引人注目的是"大数据"相关课程的增加。截至 2014 年 8 月

[①]　在将课程语言设为"japanese"进行课程搜索时，没有结果。要能够接受当今的时代，最前沿的专业知识都只能使用英语才能学到的现实。另一方面，我们也应该为诞生于日本的知识做更多的宣传，将日语讲义配上英文字幕介绍给全世界。

31 日，在 744 门课程中只有 4 门相关课程，但截至三年后的 2017年 8 月 30 日，已增加到 746 门相关课程。其中可能包括一部分标题中没有提到，但在摘要和教材内容中含有 "big data" 的课程。但即使将这部分课程去除，有关 big data 的课程量也有了急剧的增长。图 5-3 中几乎所有的讲座都加上了 "大数据相关" 的标签。

可以预见，在未来，Coursera 及那些来自各个国家的、多种多样的线上课程不仅会授予参与者完成证书，更会把在知识学习和实践的过程中所产生的新认知和新知识面向全社会分享。这就是所谓社交学习和在线知识创造的机制。

▲ 思考人类与 AI 的角色分担

接下来，让我们通过人类与 AI 的对比，来思考两者的角色划分。我们以面向一般消费者销售产品或服务的 B2C 公司分析 "客户之声"（VOC）为例来进行说明。

未来，B2C 公司必须收集大量的 VOC 并使用 AI 工具进行分析。这种类型的分析近年来被称为文本分析，因为数据虽然来源于声音或图像，但在分析的时候会将其转化为文字数据。

利用 VOC 的行为是一种广义上的营销。它是指从吸引客户的注意力开始，引导其购买产品和服务，然后使其重复消费变成回头客，进而成为常客户的一系列活动。如今，营销自动化已经成为一个流行词，它指的是通过 IT 技术自动完成这些活动。

营销活动分为几个结构，这个结构被称为营销漏斗。图 5-3 显示了营销漏斗的一个示例，营销活动由上而下按步骤进行。

图 5-3　营销漏斗

每个阶段（漏斗）都有一个比例，用这个比例和客户数量作乘法，就得到了经过这个漏斗后留下的客户数。越是处于上游的漏斗，其拥有的潜在客户数量就越多。最上游的"认知"，包括竞争对手产品 / 服务的用户和潜在客户，部分商品在此阶段的潜在客户数可能会达到千万。

当然，这个漏斗中的 VOC 数量很大，每天有数百万的用户口碑上传至线上的现象并不罕见。例如，在 2015 年 11 月 11 日的"Pocky 日"当天，估计有 300 万条推文发布到了 Twitter 上。

人类不可能阅读所有信息，使用 AI 工具进行分析是有效的。从所谓的正面、负面评价分析开始，对所使用的单词和短语的频率进行排名，以及各地域之间的比较，可能会获得与商业策略相关的重要线索。

元数据公司开发了一种名为"AI Positioning Map"的产品，该产品通过使用关键字作为分析轴来绘制定位图。例如，将"提到味道和香气的推文"的正负评价分布放在 x 轴上，而将"提到性价比的推文"按照正负评价分布放在 y 轴上，并将每个竞争产品的平均值也同样表现出来，这样就可以在二维空间中把各个竞争产品所处的位置可视化出来。

从这张分布图中可以发现与竞争策略有关的信息，例如，发现尚未有充分竞争的蓝海市场等。这样就可以发现、规划并验证针对竞争对手的策略，以便制定经营方针。

AI 工具能够自动进行单个帖子的解析和整体（平均）舆情分析等大量数据分析。它可能与人类判断结果不同，但平均精度接近人类，判断标准的一致性则压倒性地优于人类。

另一方面，人类经历了小学、中学到大学及研究生院一系列阶段的学习，然后步入社会，积累了各种经验，拥有关于物质世界和人类社会的丰富常识。人类理解的固有名词就达到成千上万个，同时还有与之相关的图像、声音、气味、触感等信息，构建了系统化的知识。

不仅如此，人类社会还拥有普遍而庞大的价值观体系，及无形的概念化、抽象化的被称为"深层常识"的东西。

要让最擅长学习一对一对应关系（端到端计算）的深度学习技术去理解结构如此复杂的知识，并像普通的社会人一样运用常识行动，目前还是困难的。从根本上讲，如何对存储在人类大脑中的复杂知识进行建模尚未得到科学的解析。因为无法衡量我们拥有知识的容量，只能说我们拥有庞大数量的常识和知识。

目前，如果在使用诸如文本分析 AI 工具时有必要使用人类的常识和知识、判断、发现等的话，那么我们应该坦诚地借助人工帮助。此时，提供一个自然的用户界面会很有效，用在操作 AI 工具时及时以最少量的信息把常识传授给工具。

▲ 即使没有大数据，人类也可以相对准确地推断

此处以收集与分析和四个主要厂商的啤酒产品相关的推文为例。

假设你的领导给出以下指示：

在餐馆和小酒馆场景下，饮用啤酒的用户的评价已经收集得很充分，以此制作的竞品分布也符合销售团队的预感。接下来希望能调查家庭场景中用户对各个啤酒的评价。

接到指示的分析人员立即开始分析数以千计的推文，但是使用到"家"这个词的推文只有一条。这让分析人员犯了难，但当他仔细确认推文内容时，"冰箱"这个词跳入了眼帘。

"就是它！"分析人员一下子茅塞顿开。

基于社会常识和道德标准，可以认为"没有人会擅自打开商店的冰箱拿出里面的啤酒来喝"，换句话说，当"啤酒"和"冰箱"

同时出现时，就意味着它可以被视为一条有关家庭场景的推文。

这位分析人员基于过去的经历和见闻进行了想象，并思考这是否属实，结果得出了商店里的冰箱，可能只出现在客户向店员询问"啤酒不够冰，冰箱里没有冰啤酒吗"的场景中。

除了上述情景，估计例外情况发生的概率不到 1%。理解了社会常识／人际关系及沟通上的微妙之处，即使没有大数据也能对事物进行相对较为准确的推断，这就是人类的出色之处。

当使用关键字"冰箱"再次进行条件搜索后，显示出了十几个结果（见图 5-4）。

观察图中显示的结果，可以发现"车站商店内的专用冰箱"这样一个例外。将其去除后制作分布图可以发现，在家庭饮用（从冰箱里拿出）啤酒的场景中，EBISU 系列比 SUPER DRY 系列更受好评（见图 5-5）。

面对几千个原始数据，不使用任何工具推导出上述结论明显是不可能的。另一方面，如果没有人类独有的常识和洞察能力，要制作出这样有价值的竞争产品分布图也是不可能的。我曾经接触过"自动生成分析维度"的项目，这等同于说人类只负责收集数据，而把思考假设、观察数据、追加实验、分析后编写论文的工作都交给了 AI，这显然太过荒唐。[①]

---

① 我实际收到过这样的订单。另外，据说预算有 50 万日元之多。

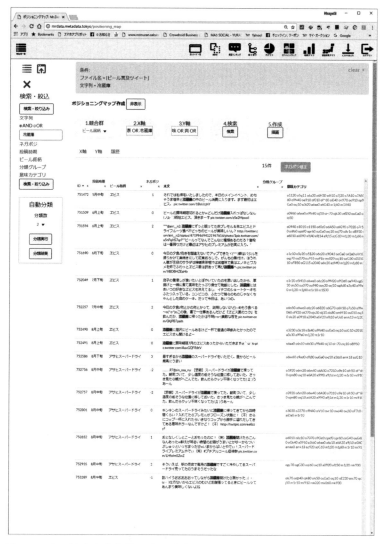

图 5-4　为了搜索在家中饮用啤酒的情景，用"家"者"冰箱"或"浴缸"作
为关键字查找推特上相关信息的画面

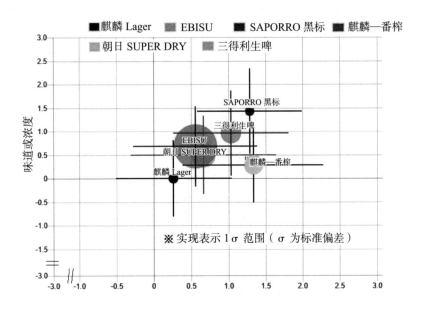

图 5-5　各种品牌啤酒的市场位置图

　　如果只是部分自动化，那么可以把与主题有关的单词、频繁出现的单词及数据库中具有标注的特定单词自动抽取出来，然后通过参照引用词库、WordNet 英语词典、分类词汇表等同类语词典来实现。然而，没有任何一个同义词词典说"家"和"冰箱"是同义词。即使你使用 Word2Vec 的深度学习在上下文中列举类似的用词，应该也不能得出"家"和"冰箱"在许多情况下用法类似（可替换）的结论。

　　属于同一分析维度的单词集，会因为分析的目的和所收集数据的文脉产生很大差异。在刚才介绍的例子中，将"家""冰箱"和"浴缸"作为"在家中饮用啤酒"的关键词，这样的关联结合了人类常识，且在实际上获得了较准确的结果。

在此例中，图 5-4 中第一行的"回家"也可以设为关键词的候选。它不是名词而是动词，因此不可能被定义为啤酒的同义词，这也证明了在此例中，不可能通过 AI 搜索同义词来获得所有与主题相关的推文。

但是，分析人员决定将其从关键字群中去除。因为这个单词有可能出现的场景，例如"在回家的路上去啤酒馆喝了一杯"，或"回家路上闻到啤酒香味忍不住喝了一杯"等。它在"家中饮用啤酒"的场景中出现的概率比冰箱低得多。

如果 AI 引擎能够将"回家后……喝酒"的前后关系作为条件进行精确搜索，同时用户能够花时间掌握搜索技巧，以上的问题就还是能够解决的。这样一来，就可以加入很多表现常见情况的词语（动词和名词），搜索的覆盖率可以得到提升。

▲　实现不同专家合作的"配对需求开发"

AI 的开发和部署过程中，人类互相的合作也很重要。如果各利益相关方不合作，将无法最终将 AI 嵌入大规模业务流程中。

特别重要的是，负责思考 AI 开发目的的策划人员与 AI 开发人员的合作。使他们的合作顺畅的方法论，即在前言中提及的"配对需求开发"。

我为经济产业省和 IPA 2006 年上半年创新软件事业开发的"配对需求开发"方式中，模仿敏捷开发方法的 XP（极限编程：工业流编程），从当前的业务现场抽调一位思维开阔的人员加入开发小组，作为代表现场的人员担负明确潜在需求的职责，而 AI 开发人员则伴随其旁。

例如，AI 开发人员向现场人员展示软件演示，表示"这是另一个行业的示例，它利用这样的工具软件来自动化一些工作流程，提高了生产效率"。现场人员看了以后可能会受到启发，表示"在我们的工作中也需要有这样的东西"。即使没有实现这样的效果，现场人员也有可能给出一些印象，或发表一些观点，如"这在我们这儿使用不了，因为……"

AI 开发人员从现场人员那里获得意见和提示，在几个小时内制作出模型和原型，并立即演示给现场人员。即使只是开发途中的画面和输入输出数据的方案也没关系，只要能获得反馈即可。如果可以随时看到自己所在的业务场景使用的 AI 工具的原型，能够随时试用，那么就可以对新的业务流程建立起感性的认识，提出具体的改良方案作为新增需求。

虽然配对需求开发本身很简单，但已经证明在效率和创造力方面克服了传统的系统开发方法的局限性。在上述案例中，高级专家和注释人员配对分担工作，时常观察同一数据，讨论改进样本的分类方法和分类标准，这就是一种配对需求开发。

掌握潜在需求的业务现场人员，和不了解业务但具有其他行业先进应用案例与工具改善创意的 AI 开发人员配对搭档，能在开展敏捷开发的同时，挖掘新的 IT 需求。首先采用少许样本进行试验，评估其精度，输出混淆矩阵的概率值。要这样在不断试错的过程中扩充业务流程，用 AI 提升生产效率，配对需求开发可能是一个理想的方法。

用户方和 AI 供应方互相学习，并创建一个新的合作机制的成功案例。可以说，配对需求的发展是人员选拔和配置的一个非常重要的方法。因此，如果日本希望在 AI 的基础研究及工业应用方面不落后于欧洲、美国和中国，就需要重视配对需求开发，它是非常重要的人才选拔、配置的方法论。

▲　推动 AI 项目的关键人才

在第 4 章的专栏中，我提到了《企业 IT 部门能否负担起 AI 之重任》这篇文章。当高管理层发出命令"我们公司也要用 AI"时，我们可能会优先考虑调查设立 AI 推广办公室。但如果目的是解决现有信息基础设施的低效率、高成本问题，那么很多情况下信息系统管理部门将主导 AI 项目。这篇文章以 AI 部署为契机，促使传统的信息系统管理部门进化为能够分担经营管理责任的进取型部门。

为此，作为一个组织，作为个人，我们应该持有什么样的立场？进行什么样的学习、研究和示范评估？

组织需要标准和方法来评估多种 AI 及其实现方法。如前所述，重要的是首先确定 AI 引入后的新工作流程，并设置左右 AI 开发成本的目标精度。

在此基础上，占 AI 开发大部分成本的样本数据制作；对象数据的属性结构和处理该属性的函数的确定，及输入输出、处理模型的确定工作；根据混淆矩阵和输出的概率分布来估计盈亏平衡点，预测新业务的寿命等工作的推进，都可以参考本书，以项目负责人的角度和 AI 团队一同制作导引手册，这样就能保证 AI 引入的成功。

前述的 ITIL 将有助于规划 AI 部署后的业务流程。例如，在 AI 部署前重新分解业务流程，如第 3 章后半部分的医疗服务案例与 ITIL 进行对比是有用的。例如，对于现有的业务流程的哪个部分引入 AI，引入 AI 后的新流程能否降低成本，以及引入 AI 后人工工作将如何切换等绘制具体的配置图和流程图。在此基础上，参照 ITIL 的服务管理和服务交付概念图进行类比可以为业务流程重构提供提示和建议。通过这种方式，主动引导和使用 AI 的信息系统部门可以极大地促进 AI 整体服务的建模。

在通过参考 ITIL 模型等自上而下地规划新的业务流程并发挥推进项目的执行力的同时，我们也应该真诚细致地应对由业务现场自下而上提出的问题，并对其加以改善。这样的态度非常重要。

通常，在引入 AI 后，新的业务流程和以前相比会变得更复杂。有志于运用新的业务流程提升服务水平（纵轴），扩展服务的覆盖范围（横轴），达成生产效率，提升数字目标的责任感，以及通过持续积累小改善、小措施，并验证其效果的执着，这些人类独有的特质是引入 AI 的业务现场人员及运营责任人员所需要具备的。

综上所述，对于推进 AI 的核心人员的职责总结如下：

- 作为终端用户亲身体会消费领域中尖端 IT 和 AI 的发展趋势；

- 致力于目标精度的设置和设计混淆矩阵各个分支产生的新业务流程；
- 踏踏实实地收集数据并承担其维护工作，实现业务现场的数字化，运用 AI 工具对精度评估团队进行支持；
- 在培养自身可以持续稳定地应对突发事件能力的同时，为企业培养人才，实现组织化的应对。

可以肯定的是，在 AI 时代抱着消极被动的态度是根本没有出路的。千万不能守株待兔式等待 SIer 等外部供应商提出方案，试图从他人的方案中获得最新信息。

AI 的世界每天都有创新应用和研究突破，供应商提供的简要归纳方案资料可能几天之后就过时了。不想付出高成本而将风险和责任扔给"IT 承包商"的想法，已经落后于时代。

要避免成为这样陈旧的组织，在日常工作中对于那些核心功能运用到云端的 AI 引擎、大数据的手机 App，应该尽可能地去使用并理解。在此基础上，思考这些功能是否能运用到自己的业务中。每天都能够主动积极地获取新信息、新知识，将其咀嚼消化，洞察它的意义，描绘将来的愿景，解决面临的问题（提高整个企业的生产力，实现新功能，给消费者带来新的利益等）并进行验证。

可能大家觉得实现上述行为有难度，也有人认为工作是工作，兴趣是兴趣，两者要分开。但是，如果真的希望在业务中有效地使用 AI，那么首先要改变自己的意识和态度，积极获取有关 AI 的新知识和信息，并在工作中积极发挥创意，为企业的销售额增长做出贡献。以自然的态度自发地寻找和吸收与 AI 相关的 IT 知识，深入了解其含义并将其融入自己的技能之中，这样就能在创造重大成果的同时获得更多乐趣。[①]

▲ 熟练工艺移植给 AI 后的产业空心化对策

未来几十年可被视为 AI 发展的一个过渡期，许多普通人将作为注释者参与为 AI 注入知识的工作，这将是这段时间内的常态。

假设我们计算 AI 应用的投资回报率时，发现很难确定能否带来收益，因此对是否要启动 AI 项目犹豫不决。这时候，我个人建议还是应该大胆尝试。因为至少以往由人类承担的机械性工作能够交给 AI，而人类因而能够从事更为人性化和具有更高价值的工作。

另一个原因是，AI 能够提供人眼和人耳不可及的高难度服务，并提升服务的覆盖范围，让服务对象和服务供应商双方都受益。使用无人机全天候监测一大片稻田中的所有稻叶，以最快的速度检测害虫危害就是一个很好的案例。

如上所述，目前要将一个工匠拥有的所有技能完全移植给 AI 是非常困难的，我们仍然需要等待 AI 的进步。

假设这样的移植能够实现，那么年轻人是否无法继承工艺？年轻人是否可以通过向 AI 学习来获得这些技能？

深度学习的学习结果大多是黑箱，这个问题不能从根本上消

---

① 参考编程竞赛"混搭奖"的获奖作品也许能获得许多启示。参赛选手包括在金融机构、会计软件公司、大型制造企业开发基干系统的工程师。

除。虽然神经网络中间层的图像或状态可以可视化，用户可以推断一部分过程，但是要掌握 AI 完整的判断技能尚不现实。元数据公司的"xTech"是一个数理和图表优化后的白箱型 AI 引擎（可以说明或修改学习结果），使用这样的引擎可以让 AI 的判断过程显性化，但它并不适用于隐性知识的深度学习。

即使随着深度学习商业应用的发展，可以用远低于熟练工匠的劳务费成本实现高度的技艺，也仍然需要开发和运用 AI 的人才。即使他们不是全职，也会通过评估工具触及 AI 缺陷和错误。即使这些人自身并不掌握相同的技艺，他们也可以评估 AI 的判断结果，并找到改进的线索，通过这样的过程，技术和直觉会得以保留。只要人类掌握着发展、维护 AI 的具体内容，我认为就不需要担心产业空心化。

如果能提高测评工具的可用性，那么 AI 的学习和维护将更容易实现。担负 AI 维护的人员也会增加，可以很容易地制订业务相关的人员必须有 AI 维护经验的人员培养计划。

在维护 AI 的过程当中，能够获得很多经验，诸如制作样本数据的过程、精度的提升，或设置新的分类等。这些经验如果能够向公司内外（行业）公开，那么 AI 的知识和运用 AI 实现匠人技艺的方法都能够得到共享，开发和维护 AI 的人员也能因此得到极大的增长。

当然，通过模拟并不能再现触摸物体和用指尖感觉钢板成形的真实感觉。然而，可以预期，配备能产生真实感的数据手套的虚拟现实（VR）设备最终将再现手的触觉。使用通用的 VR 与 AR（增强现实）系统，改变所需的软件和数据，适应各种业务的工艺，成本也可控制在可承受的范围内。

将专家在排除故障中的直觉全部数字化，通过数据解析和统计学处理找出法则让 AI 来应对，是今后的基本做法。虽然和人类的直觉或大局观不同，但它非常稳定，不会产生错觉。如果能发挥 AI 的特长，毫无遗漏地细致检查所有数据，那么终有一天 AI 会超越人类的直觉。

早期 AI 曾使用启发式搜索算法，以应对性能较差的计算机。当计算机的计算速度增加几个数量级时，就不需要这种方法了。理论上无法计算的问题，或需要指数函数级时间计算的问题仍然存在，但可以期待未来的量子计算机能够解决它们。

预计量子计算机也会采用黑箱的形式，但同时人类的判断、想法和匠人技艺也都是黑箱的形式。NEC 前高级执行副总裁植之原道行先生曾经说过："技术是一个知识体系，原则上，一切都可以写在纸上。"他曾是 AT&T 贝尔实验室的负责人。

手工艺人、运动员的技能和艺术家的表现等，是一个隐性知识的世界，在这个意义上不属于技术。深度学习的出现应该能够捕捉到最初无法被描述为知识的全部隐性知识，这样才会受到热烈的欢迎。在 AI 发展的下一个阶段，对隐性知识的科学阐释可能是一个令人兴奋的研究课题。

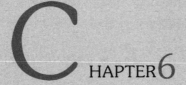

CHAPTER6

第 6 章

将 AI 用于商业用途时需注意的问题

- 与数据保持对话非常重要;
- 日本在 AI 部署方面有很大的提高空间;
- 即使出现了通用型人工智能，AI 也仍然是辅助工具。

当管理层准备制订新的五年计划时，是否有必要考虑 AGI（通用人工智能）和"强 AI"？我认为没有必要。因为即使到那个时候，出现 AGI 和"强 AI"的概率仍然接近于零。

AGI 有望对于未曾学习过的事物也能立即做出恰当的判断，能自行创造知识解决问题。有朝一日，AI 会有这样巨大的进化，我对此感到激动，也相信未来"强 AI"可以与人类一样具有自我意识 /欲望，以及责任感，能够与人类进行具有人性的交往。

然而，目前正处于摸索阶段。人类作为强 AI 的参照样本，大脑和身体活动的原理依然有大量未知的部分。用自然科学弄清楚这些未知部分，还需要相当长的时间。

虽然量子计算机的开发有可能突然加速 AI 的发展，但只是通过继续改进我们在前几章中看到的机器学习和深度学习的技术是无法催生 AGI 或"强 AI"的。我们可能必须等待如同牛顿和爱因斯坦所引发的跳跃式思维。就像引力波（1939 年由爱因斯坦提出，报告发现时间 2016 年），它经过了近 100 年的理论验证之后，才通过实测观察到。自然科学范畴的理论验证，可能需要其他领域的科学技术获得巨大进步后才能实现。

有关真正的智能与人性理论的完善与模拟，我们尚且处于一个非常初级的阶段。就此意义而言，我们还没有准备好让 AI 模仿的样本。

▲　大数据越来越重要

现在这段时间里，日本企业应该如何推动 AI 技术？简言之，应该在进化为数字化企业的同时引入 AI。

首先，我认为我们应该尝试通过利用现有的工具 AI 来提高当前服务的生产力和服务水平，并扩大服务范围。

AI 的普及将会极大改变产业结构，并带来"数据驱动的经济"，这将改变企业的商业模式和服务提供形式。我们必须从现在开始就做好准备，迎接新的时代。

将自己企业的核心能力 API 化向全世界提供也是有意义的，这样更有助于同 IoT 平台以及其他公司的 API 进行集成。

自 2016 年左右以来，"大数据"一词的使用频率逐渐降低，但是，它的重要性反而增加。"无处不在"（ubiquitous）在 2003 年左右也是流行语，当时根本不存在可以随时随地使用应用程序的智能手机。如今，虽然该词语本身已经不再被提及，但其代表的概念本身已经深入人心。

如今，我们需要考虑以个人和企业接入互联网为前提的商业模式来提供我们的服务。优步和爱比迎可以说是这方面的先驱。它们让个人的汽车和房间共享，创造出 C2C（Customer to Customer）共享经济模式，促使行业进行变革。

如今，智能手机和平板电脑这一类前端的智能设备已经具有了和过去的超级计算机相当的性能，而且使用起来极为方便。前端的应用程序高效运行，能够为用户提供便利的功能，帮助用户迅速解决问题。而这一切都有赖于在后端（即云端），进行的庞大的数据处理。例如，在一个叫作"全国出租车"的应用程序所连接的服务器中，集结了所有在日本各地大街小巷中行驶的出租车信息。

使用云端的信息来考虑用户的各种需求和制约条件，如果这些信息不明确时，则尝试与用户交互以明确需求，这样复杂的处理需要类似 AI 的功能。否则，就需要雇用大量的人员从事机械性工作，经济性很差。因此，期待 AI 的进化是唯一的选择。

▲ 利用 AI 防止人类被数据牵制

越来越便利的互联网服务的出现也使人类社会产生了诸如社交网络疲劳这样因为信息量过大而出现的问题。这一方面是因为新的服务还没达到人类能够容忍的信息量以及刺激的极限，另一方面也是因为应用程序大多具有易让人产生习惯性、容易上瘾的交互设计。

即便如此，考虑到人类之间总是缺乏沟通，因此这些能够帮助人类自然、愉快地增进沟通的 IT 基础设施和新的 IT 服务应该受到欢迎。

Slack 就是最近的一个案例。每天超过 600 万人通过它与同事保持联系，并分享各种信息，这使得它的市值已经超过 5000 亿日元。为了与之竞争，微软推出了"Microsoft Teams"，谷歌推出了"谷歌 Hangouts Chat"，而 Facebook 推出了"Workplace by Facebook"，职场通信工具市场的竞争逐渐白热化。而为了缓解过度的信息共享带来的类似于 Slack 疲劳的副作用，Flickr 的创始人斯图尔特·巴特菲尔德（Stewart Butterfield）计划使用 AI 来防止用户困窘于被大量数据包围的状况。

本意是为促进相互沟通并保持工作热情而构建的 IT 环境，由于信息量的剧增，无形中给了用户精神压力。用户会认为需要确认所有信息并给予回馈，由此导致用户的工作效率反而降低。信息的发出者虽然并无深意，但对信息的接收者可能会产生意料之外的影响。

要解决这样的问题，如果经济上没有雇用专职应对人员的余力，同时也无法保证具有合适人选的话，那么唯一的选择，就是利用 AI 来解决上述问题。

有一个例子让我备感期待，即给 AI 赋予类似于星新一先生的短篇小说《肩膀上的秘书》[1]中所描写的鹦鹉机器人那样的功能。例如，当面对一个初学者未做任何调查而提出的幼稚问题，工作人员会不耐烦地写下回复："自己去谷歌搜索。"

AI 则会做出如下回复：

在这样的情况下，首先提出问题前，请将屏幕上显示的错误消息复制到 Web 搜索引擎的文字框内，然后从排名靠前的搜索结果中挑出和自己遇到的情况相近的，点击链接跳转到它的页面，从中寻

---

① 《肩膀上的秘书》收录在《新潮文库》中。

找相关的代码尝试解决自己的问题。如果尝试了几次还不能解决的话，最后再将这个过程总结后贴到论坛寻求帮助。

不可能每个用户能有自己的私人秘书。因此，能够正确调整信息量溢出和信息量不足（过于简洁导致初学者无法理解）的 AI 必不可少。这也是 AI 成为人类沟通辅助工具的愿景之一。

专业人员需要 AI 来分析大量市场数据，包括大量数字、文本和图像。这样大规模的数据无法手动处理，必须要 AI 进行辅助。适用于原始数据的整理、体系化建构的各种机器学习技术，以及匹配和优化的方法将变得更重要。要实现迅速试错、快速创建和评估原型，API 则不可或缺。

▲ AI 的知识获取瓶颈

在以深度学习为代表的机器学习中，准备训练数据是一个非常巨大的瓶颈。这点在本书中常有提及。如同苹果、橙子和葡萄之间的差异不能用语言或公式写成规范（形式知识）一样，即使你试图将隐性知识数据化作为训练数据，也最多停留在制作指导方针的程度，因人而产生的差异无可避免。让我们来思考一下如何解决这个问题。

回顾历史，在第二次 AI 热潮时，流行将专家的知识代码化的所谓"专家系统"大行其道。之后，从 20 世纪 90 年代末到 21 世纪初，又流行起所谓的"知识管理"。然而，专家系统的实用化并未获得成功，知识管理的热潮也归于平静。

导致专家系统的实用化最终失败的原因就是"知识获取瓶颈"。知识会迅速过时。知识的内容和表达因人而异，从根本上说，除了个别典型的情况之外，"何为正确"不可能被定义。因此，我们无法获得足够质和量的知识，也无法赶上知识更新的速度。所以，一时的热潮终究会归于平静。

当前的 AI 也存在知识获取瓶颈。IBM 推出的兼具大数据解析与机器学习功能的第一代 Watson 是一个可以称得上是现代专家系统的 AI（有时被称为"成人 AI"，以区别于视觉认知能力只相当于儿童程度的"幼儿 AI"）。即便是这样高度的 AI 也存在知识获取的瓶颈，更别说主要使用深度学习技术来捕捉隐性知识的"幼儿 AI"了。

作为一个和成人 AI 相近的例子，我想起 2013 年获得诺贝尔物理学奖的重力之源希格斯粒子（Higgs）[①] 的发现。为了捕捉希格斯粒子的踪迹，许多人花了将近 10 年的时间通过数万亿次实验获取了绝大部分是噪声的数据，从这些数据的差异中读取含义，最终获得成功。

多年来，为了对这些数据加工处理，有几百个程序被开发出来。项目成员对于处理的结果抱着怀疑的态度，不断进行改良，终于发现了只能使用希格斯粒子才能解释的现象。据说，参与此项目的优秀物理学家有数百人。

---

① 希格斯粒子是粒子物理学标准模型预言的一种自旋为零的玻色子，不带电荷、色荷，极不稳定，生成后会立刻衰变。

在商业世界，基本的态度和推进方法与之相同。为了发现业务知识和未知的商业法则，有必要使用适当的工具来观察数据，并将其体系化和重组，适时补充不足或相关的数据，这样的努力非常有必要。这种与数据的积极交互的过程，对于智能创意和新知识创造都至关重要。

既能够完全担负这个重任，又能够和人类研究者具有相同自律性的 AI 根本不存在，也不可能被制作出来。

如果只是漫无目的地收集数据，那么即使使用 AI 也无法获得好的结果。重要的是，要明确目标，抱着解决问题的态度从数据收集的上游工程开始进行数据的品质评估、加工、体系化、可视化，然后积极地观测数据并与其交互，再用人工分析其结果。不断重复"洞察→假设（设想）→验证→……"的循环，并在必要时对先前的过程做出反馈，调整整体过程。否则，可能花了大成本购买了大量无用的数据，或花费大量时间监控无法分析出有价值结果的数据。如果数据的品质不高，那么无论如何观察都得不到头绪，或导致得出错误的结论。

在进入 AI 精度提升、产生更多有价值发现的良性循环之前，有必要筛选可能有价值的候选数据。从消除数据噪声的机械性工作到标签规格（种类、数量等）的修订，标注人员的工作困难重重。这样的工作既需要丰富的经验，也需要匠心，应该给予这方面的专家高规格的待遇。

为了评估创建的训练数据是否有效，唯一的方法是让 AI 学习，并亲自解释其学习的结果。在推进深度学习的过程中，有必要解释中间阶段数值和混淆矩阵的含义。在此基础上找出问题和导致问题的错误样本或标签，决定是否有必要细分训练数据的分类。这才是一流的研究人员的工作。

▲　数据准备和增值更要活用 AI

将几家美国互联网企业巨头首字母连起来，称为 GAFA（Google、Apple、Facebook、Amazon）。每家公司都无一例外地致力于使用各种 AI 提升自己的服务。IBM 和微软也投入巨额资本（资金、人才、计算能力）全力推进 AI 的应用。

这些巨头似乎正试图成为创新的旗手。他们公布 API，鼓励混聚编程，举办编程马拉松，不惜提供任何技术支持来创建一个员工和外部技术人员可以随时协同工作的环境。这与日本传统的大型 IT 供应商和集成商不同。在日本，真正努力创新的企业与组织是三家主要的移动运营商，信息服务商艾杰飞（Recruit）、以金融科技对新创企业进行投资的都市银行集团，以及提供各种开源数据的地方自治体等。

Defined Cloud 是一家从事与 AI 技术相关业务的新创企业，其目标是 GAFA、IBM 和微软。该公司总部位于微软和亚马逊所在的美国西雅图，由两家企业出资成立。2017 年 5 月，当我遇到该公司的联合创始人兼首席执行官达尼埃拉·布拉卡博士时，他说："促成自己将事业重点转向数据整理的一个主要原因，是在参与微软的学习型对话机器人'Tay'过程中所经历的失败经验。"

Tay 被公开后立即停止了服务，原因是它通过 Twitter 上的对话学习了种族主义、性别歧视和阴谋论，开始不断发出极不恰当的言论[①]。这让达尼埃拉·布拉卡博士强烈感到，用以 AI 学习的数据必须保持纯净，所有的商业数据都无一例外，这就是他创业的起点。可以说，Defined Cloud 抓住了 AI 商用中至关重要的部分。

布拉卡博士同时也是华盛顿大学的教员，他作为微软 Cortana 语音识别系统的开发成员而被众人所知。他通过理论和实践意识到机器学习的瓶颈是未被整理和非结构化的数据，因而创设了为机器学习提供结构化数据的企业。

为了收集数据，推出了一个全球性云外包[②]机制，呼吁世界各地的大学生以低廉的价格提供语音等原始数据。目前，语音数据已经包括了 36 个国家的 30 种语言，超过 100 种方言。其中大多数数据是由具有机器学习以及自然语言处理、声音识别研究经验的研究生制作而成的，质量都很高。

我创立的元数据公司开发了能够有效评估深度学习的精度，并将结果反馈给下一次学习的机制，称为"蒙太奇"（Montage），用以改进机器学习质量和降低成本。2017 年 3 月，文本分析应用程序"AI 定位图"被升级为"AI 定位图 Mr.Data"，它能够在读取数据时

---

① 微软公司于 2015 年 3 月 23 日发布 Tay 后，马上又停止了该服务。
② 云外包是指基于云计算商业模式应用的服务外包资源与平台的总称。在云平台下，众多的服务外包资源云整合成资源池，通过云管理系统提供外包服务，达到灵活和便利的目的，也可以降低成本，提高效率。

自动将其结构化。[1]

　　Mr. Data 这个名字，旨在呼吁产业界能够意识到，AI 恰恰是最应该运用在数据的整理与增值方面的。这些 AI 中只有少数一部分会使用机器学习，大部分只能按照一定的既定规则，利用数据字典和知识库这些已经完备的大数据库来工作；或者有些 AI 会使用记号处理和图标理论的算法和统计方法，来进行记号排列的模式识别和规则发现。

　　之所以会形成上述的情况，是因为 AI 无法自己学习用于判断数据优劣的常识和感觉，无法为其他的 AI 制作样本数据。如果 AI 能做到这一点，就能够与人类一样拥有"常识"进行判断，就不需要依靠人类创造的 ImageNet 这类样本数据了。问题是，现实中并不存在这样便利的 AI。

　　有实验将两个完全不同的机器学习系统从不同数据中学到的知识相互比较以相互验证，但结果发现如果没有人类判断的反馈，就无法达到与人类使用常识和知识进行判断、分类相同的效果。只有极少数例外，如谷歌 DeepMind 的围棋 AI——阿尔法狗（AlphaGo）。

　　阿尔法狗让两个原型 AI 随机使用有微小差异的走法进行对战，

----

① 具体而言，从以 CSV 格式导入的文本中提取日期和时间（When）、地名和地址（Where），以及人名和公司名称（Who）的信息，在数据库新建相应的序列将其导入。基于这些信息进行搜索并在日本地图上形成热图。例如，如果文本栏中输入"多度津"，那么就会在数据库的市级的地名信息栏中添加"多度津町"，县级信息栏中添加"香川县"，广域地方栏中添加"四国"的信息。

并将胜负结果自动生成为样本数据。这样的方法只能适用于围棋这样规则单一的游戏中，无法用于制作普通的商业场景以及消费生活中需要的样本数据。

虽然上述规则库等非机器学习类 AI 可能给人"上一代 AI"的印象，但通过恰当地运用这些 AI，可以低成本获得机器学习的样本数据。现在，尝试创建数据，提高产量和效率非常重要。那些否认这点的人也许忘记了深度学习的精度可能会因为 WordNet 和 ImageNet 等知识编码结果的巨大优势而压倒其他方法。

▲ 准备和收集样本数据时的要点

刚才介绍的使用 AI 制作样本数据的方法，类似于将大量数据进行批量处理。其他还有通过人机界面交互，将 AI 的输出结果以对话的方式展示给用户，进一步从用户反馈中获得信息的方法。例如，在病例诊断中，由医师将病理图片中的病变部分进行标示就是很好的例子。

此时，不需要让用户完成所有的工作，让 AI 把输出的候选（如病变）显示在屏幕上是有效的，而不是让用户做所有事情。通过关注差异，即 AI 的误判，你可以专注于判断的速度和正确性，这是因为数据提取的效率提高了。如果 AI 的准确度上升，差异将减小，正确数据创建的效率将会越来越高。当显示候选时，如果根据 AI 输出的概率值的大小切换灰度，则可以预期效率将进一步提高。

有时候在制作使用神经网络输出图像名称的 AI 所需要的数据

时，会用到可以判断相似病变位置的"物体检测"AI 来提升数据的制作效率。这样的做法不仅能提升工作效率，还可以防止错漏，虽然损失少许精确率，但召回率很高。如果以这种方式逐渐提高精度，则两种类型的 AI 可以分别作为上、下工程，并且可以自动协同。

在制作机器学习用数据时，还有许多问题需要解决。例如，与 CSV 数据相关的就有列移位等构造错乱，字符代码中混有非法代码，数值型数据的表示形式不一致（浮点数类型和其他类型数据的 CSV）等问题。

各种来源（各种机构和合作伙伴）的数据汇总时，也会出现各种问题。例如，收集图像数据时，各个图像拍摄时的色温、亮度的动态范围、对比度、边缘增强处理的有无等各有不同。声音数据会存在频率和动态范围（音量大小）的差异。这些因数据的来源不同而存在的差异如果得不到自动调整的话，那么学习的效果也不会理想，无法获得很高的精度。

如果不对数据的参数差异做修正的话，那么数据收集的工作很可能要不断返工。当然，如果参数差异能够被明确，那么也可以在数据收集完成后使用软件对其进行统一校正。

在晴天、阴天、人造光、荧光灯等不同环境下拍摄的不同图像的色温调节就是很好的例子。除了上述深度学习开发框架所需的图像处理库 OpenCV 之外，还有用户可以轻松掌握的 ImageMagick 等许多转换过滤工具。

将 3D 物体拍摄成的平面图像变换角度，或稍作变形以扩充数据量的做法也是可能的。但是，它与实际上用不同的切割角度拍摄而成的图像并不相同，因此要慎重判断其是否适合作为训练数据。

同样，使失焦的图像进行对焦校正的锐化处理后的效果与人类看到失焦图像时的实际观感也不相同。针对大面积模糊的背景与近处模糊对象的不同处理方式也需要不断试错。

针对拍摄时的手部抖动，或被拍摄对象自身的抖动，只要抖动的方向和长度明确，可以通过诸如傅立叶变换的算法进行校正。

▲　AI 在日本的应用前景广阔

目前，诸如"一半工作将在 10 年后消失""90% 的人类将在 2030 年失业"等有关 AI 的舆论大行其道。不要被这些数字所迷惑，我们需要保持脚踏实地展望未来的态度。

首先要明确以下几点：

- 预计日本的劳动力人口将在 2030 年减少约 13%；
- 日本企业中业务流程的显性知识化的进展缓慢；
- 日本白领的劳动生产率比欧美国家要低好几成。

截至 2017 年初的调查发现，与西方国家相比，日本的商用 AI 应用落地速度缓慢。这可能是由于与美国主要公司相比，日本企业的领导者对于 AI 的理解度、决策的速度和方针贯彻的程度都不充分。

　　埃森哲在 2016 年 11 月宣布，到 2035 年 AI 将使 12 个发达国家的经济增长率翻一番，劳动效率提高 40%。观察成功实现 AI 商用的各国生产效率的年平均增长率可知，排名最高的是美国（4.6%），第二是芬兰（4.1%），第三是英国（3.9%），而日本仅为 2.7%（见图 6-1）。

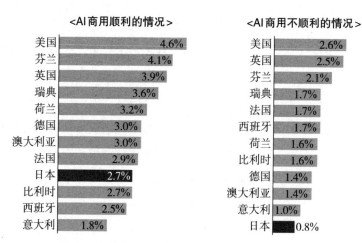

<AI 商用顺利的情况>

美国	4.6%
芬兰	4.1%
英国	3.9%
瑞典	3.6%
荷兰	3.2%
德国	3.0%
澳大利亚	3.0%
法国	2.9%
日本	2.7%
比利时	2.7%
西班牙	2.5%
意大利	1.8%

<AI 商用不顺利的情况>

美国	2.6%
英国	2.5%
芬兰	2.1%
瑞典	1.7%
法国	1.7%
西班牙	1.7%
荷兰	1.6%
比利时	1.6%
德国	1.4%
澳大利亚	1.4%
意大利	1.0%
日本	0.8%

图 6-1　各国实现 AI 商用的生产效率的年平均增长率

　　在图中，日本虽然仅排名倒数第 4 位，但如果 20 年间每年的劳动生产率的增长能够持续达到 2.7%，相比 1990 年以后的增长率就非常惊人了。

　　如果 AI 商用并不顺利，那么日本的劳动生产率增长将下滑到 0.8%，成为倒数第一。从这些数字可以看出，日本应该将油门踩到底，加速 AI 的商用化。在图 6-1 中，两种情况下日本的劳动生产率增长相差三倍，说明日本在 AI 商用方面有着极大的潜力，可以被视为 AI 商用效果最好的国家。

另一方面，经济产业省的劳动生产率估算（不同产业 GDP 成长率、从业人数、劳动生产率）中，和 2015 年相比，2030 年的年劳动生产率增长在 AI 发展消极的情形下为 2.3%，而在积极的情形下则能达到 3.6%。从业人数在 AI 发展消极的情况下减少了 735 万人，而在积极的情形下仅减少 161 万人。

这样看来，生产率越低，从业人数越少（与人口结构变化导致的劳动人口减少程度相同）的结果不可思议。GDP 增长率在 AI 发展消极情形下为 1.4%，在积极情形下为 3.5%，产品的增长率远大于劳动生产率的改善程度，这可能是导致上述情况出现的原因，但实际上根据并不明确。当然，如果能够实现这种增长方案，人均收入就会增加，个人的幸福感也会提升。

▲ 与人类相同的服务员 AI 会出现吗

在埃森哲和经济产业省的预测中，2030—2035 年间，一半的就业岗位将消失，或 90% 的劳动人口将失业。这样的预测其实非常现实，让我们举一个日本服务行业的案例。

主要发达国家的服务业比例为 70% ~ 80%，这个比例在日本虽然还在持续提升，但也只有 67% 左右。考虑到制造行业的员工有一大部分从事的是服务性工作，因此实际上这个数字应该在 80% 左右。这也是因为现在不少工厂大量使用产业机器人，生产线上的工人数量减少到只有几人，所以如果将制造行业的企业内服务考虑在内，那么上述比例的分母部分的增加应该不大。

　　在此，我们尝试对服装店店员的工作内容进行分析。图 6-2 展示的即是服装店接待顾客的流程与店员提供的服务内容。

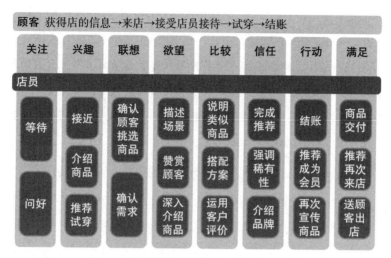

图 6-2　服装店的来客状态与店员的应对行动

　　图上方的"关注""兴趣"等，是表示顾客从进店到购物完成为止的心理状态变化。这是将所谓 AIDMA 者 AISAS[①] 的概念进行了扩展。

　　针对顾客的这些心理状态，店员从"待机准备""打招呼"开始，运用 22 种行为巧妙地引导客户最终购买商品。在这个过程中，店员会不断观察顾客的状态及其对自己销售引导的反应，不断调整行动。还有一些其他与销售引导并不直接关联的行为，例如，看到

---

① 　AIDMA 是注意（Attention）、兴趣（Interest）、欲望（Desire）、记忆（Memory）、行动（Action）的略称。AISAS 是注意（Attention）、兴趣（Interest）、搜索（Search）、购买（Action）、信息共享（Share）的略称。

顾客擦汗立即送上纸巾，与顾客谈论最近的电影、电视剧里女性角色的服饰等，也会对顾客最终购买产生推动效果。

在这 20 种行为中，只有极少数可以由目前的 AI 和接待机器人承担。而有关服饰搭配的建议，可以由 AI 从庞大的组合数据中提取出普遍适用的审美标准，或推断顾客的审美倾向，将合适的搭配显示在平板电脑上，又或将几十种搭配的效果呈现在大屏幕上让顾客挑选。AI 在记忆和表现力方面超越人类，可以发挥这样的优势让它成为提升服务质量的辅助手段。

问题是，我们能否获得与投资相符的效果。即使有些看似简单的任务（如说服顾客办理会员卡，并获取他们的社交账号），要制作一个能够胜任这类工作的 AI 也需要极大的投资。

假设人类服务员的小时工资是 1200 日元，接待一位顾客花费的时间是 5 ~ 10 分钟，那么接待顾客的单位成本为 100 ~ 200 日元。如果我们尝试将其替换为接待型机器人的话，为了回收开发的成本就需要投放一定的数量。

然而，服务业的特点是专业细分化，如果 AI 学习了某个特定细分场景下的顾客接待所需要掌握的知识和常识，那么它就只能运用于这个场景。虽然局部的知识容易交换（如图像识别的转移学习），但还是有必要构建能够以低成本实现 AI 功能转换的机制。

如果实现了这一点，那么在图 6-2 所示的销售引导行为中，可以由 AI 或接待型机器人完成的比例，将以每年几个百分点的速度增长。当然，会有一些不喜欢 AI 或机器人接待的顾客，但同时也会有很多顾客因为 AI 或机器人不会出错，能够保持稳定的接待水平而偏爱接受它们的接待。

　　然而，能够将图 6-2 中所有行为融合自如地运用的 AI 依然只存在科幻世界里，目前的 AI 只能对于监控、识别、分类、数据解析、数据生成进行个别专门的对应。因此，如果将它的外观制作得超过了它的实际能力（如给它一副与人类一样的脸和身体），就会让人对它的能力产生过高期待，当发现不如预期时就会产生巨大的心理落差。

　　也许是出于这样的考虑，亚马逊、谷歌低调地将自己推出的非常优秀的语音交互设备称为"智能音箱"，这是个非常明智的决定。设备本身虽然只是一个圆柱体，但它是由许多大数据工程师和博士工程师开发而来，能够应对与用户的各种对话内容，是一个高水准的交互设备。

　　对服务的评估和满意度由预期与预期值的差异确定，如第 3 章图 3-5 中的 SERVQUAL 法所示，往往呈现出杠杆效应。可以避免让 AI 的外形接近人类而降低用户期待值，以便提升用户使用后的满意度，甚至可以因此提升普及率，从而降低价格。

　　2017 年，探究语言理解本质的研究终于有了初期性的成果。谷歌 DeepMind 按输入的文字内容构建三维世界的研究就是一个很好的案例。作为自然语言处理工程师，我认为让对话交互设备拥有人类的外观（人脸和身体）还为时尚早。

⋏ 人文和哲学对于 AI 研究人员来说非常重要

许多专家，包括微软日本公司前总经理成毛真先生都认为："在 AI 时代应该加强科学技术教育。"这个概念最近被称为"STEM"。它是科学（Science）、技术（Technology）、工程（Engineer）、数学（Mathematics）首字母的缩写。用数学代替应用数学，或添加逻辑学（Logic）的首字母来称为"METALS"。

在如今的 AI 热潮之前，文科厅制定了增加理工科学院的学生数量，减少文科系或人文科学和文学院的学生数量的政策。我对此表示反对。

随着因出生率下降所导致的考生人数的减少，在国内创建新的本科学校或增加学生人数，就可能导致并不优秀的学生的比例上升。此外，原先准备去私立大学文科专业学习的学生现在去了理科学院，这些学生原本就不擅长理科和数学，即使进入了理科学院，也不具备能够跟上进度的能力。

这样就必须加强初中和高中的数学、科学两个学科的教育。

更重要的是，做好这些学生原本意向的文科学科的教育。人文科学的英语为"Humanities"，意为探究人类的学问。可以把它看作探究人类群体性质和人类交往方法（法学）、经济现象等内容的科学，作为社会学的延伸。最近的经济学被认为在向心理学方面倾斜，这样的趋势意味着学问体系和分类回归原点。

人类行为有许多部分无法像物理学那样——能够通过与现实世

界的物理实体相关联的严密定义和数学公式来描述。强 AI 的模仿对象，即人类那些出于情感与本能的行动与话语，大脑中信息处理的大部分都不是自然科学的对象。因此，一些 AI 研究人员从心理学或哲学中获得 AI 开发的启示。

与医学一样，许多人文科学的研究很少给出明确的结论。分析调查问卷的免费回复以掌握趋势或发现新假设，执行统计验证以证实它，并使用概率数字对结论进行补充。

在东京大学的教学课程中，统计学是文科的必修课程，而在理科中则是选修课，对于这点我很认同。这其中包含了文科的教育不能只限于读写与算数，应该有意识地把统计学作为人文科学与社会科学研究的工具进行创造性使用。

那些习惯于传统 IT、只认可"1 或 0"这种单纯明了的处理方式的人，并不适合 AI 应用系统的开发。在 AI 世界中，经常需要通过概率和统计来评估并读取其中含义。人类和人类群体的行为属于社会学和心理学等人文学科领域的研究对象，无法简单地进行定义。只有在理解这点的基础上，抱着探究其本质、态度真挚且从事过该研究的这一类人，才适合 AI 开发。

如果致力于从根本上改进 CNN 和 RNN 的结构，或寻求理论计算量这样前人未涉及过的研究，就需要具有相当于东京大学、哈佛大学、麻省理工学院、牛津大学等知名大学里顶尖人物的能力。为了吸引具备这样高能力的学生，仅仅增加东京大学的招生人数始终是不够的，而要建立能够吸引全世界留学生的研究基础设施，充实研究生学院的人才结构。

在小学阶段教授英语或减少初中和高中语文课程数量，增加理科方面的课程并不能产生好的效果。填鸭式的理科数学教育反而会降低学生对应 AI 的能力。要发挥科学技术的基本能力，充分发挥逻辑思维能力，通过交流加深思考，加强中学的语文教育反而是一条捷径。

与此同时，为了培养具有在国际数学、物理、化学奥林匹克，以及信息科学领域等类似的国际赛事中获得名次并具有优秀英语能力，能够创造性地解决问题的高中生，强化教育环境的构建非常重要。当然，也可以准备预算让他们前往欧洲或者中国留学深造，但有实力的学生即使不受关注自己也会成长，因此，在当今互联网时代，这并不是最重要的措施。

重要的是，促进所有院系的国际化和开放程度，以提高整体水平。就个人而言，我认为提高学生（研究生）的平均年龄也很重要。那些通过工作经验了解实际问题后进行深度研究的人更适合 AI 的"寻找新问题，将其模式化后加以解决"的研究方式。

同样，推进能够促进使普通人转向富有创造性的、着眼于发现问题和解决问题的工作的复合教育也很重要。它有助于让我们提高目前"儿童 AI"尚未达到的高级逻辑思维能力，或改变思维习惯。

很多创造性的发现打破了逻辑上的可能性，看似不符合常理，实际最后留下的都是常识外的选择，就如同福尔摩斯的推理过程。要理解打破固有概念和创造性思维的益处，最好的方法就是亲身实践。那些被客户公司派驻到我公司接受 AI 开发培训的人员有时会流露出"好久没有这样深度思考了""在公司里深入思考相当有意义"的感想，这让我印象深刻。

▲　基本收入制度无法解决问题

现代人坚信通过工作可以为社会做贡献并获得幸福感，这样的价值观原本没错。但假设在将来一段时期内，发生因为 AGI 的广泛应用导致大多数人失业的情况，那么仅靠政府发放"基本收入"[①]并不能解决问题。

人类通过工作获得明确的目标，找到生存的意义。工作上的往来协作能让人获得与其他优秀的人相遇的机会，互相信任并可以享受被信任的充实感和互相帮助、互相学习的喜悦。失去这样的机会，只是一味休闲娱乐并不能获得幸福。

除了所谓的创造性工作之外，还有很多让人热爱的充满人情味的工作，以及目前的 AI 并不擅长的工作。前文中提到的服装店店员的工作就是其一。针对企业用户的销售工作也是如此，需要高效地运用心理学进行对话、接待、诱导、议价，此过程中常会有新的发现，甚至是发明，充满了乐趣。要让 AI 参与这样的过程成为帮手，首先需要精通业务。

许多人声称无法找到自己喜爱或感兴趣的事物，对此 AI 可以给予我们帮助。还有利用 AI 进行中学数学一对一教学的成功案例。

---

① "基本收入"制度是指政府定期支付国民最低生活所需补助款的政策。

AI 擅长利用庞大的数据诊断学员在学习上的问题并因材施教，人类教师则由此转向担负人格培养、人性的培育及沟通方法的教育。

利用 AI 帮助人们寻找喜爱工作的服务，不能只是一些目录和搜索功能的堆积，应该像利用 AI 学习数学的培训中心那样，通过模拟来让人们体验工作内容，还可以用 VR 设备让人实际体验到工作的乐趣。如果再有一个能够监控好奇心在何时产生的功能就更为理想，在体验的过程中不断抛出预先准备好的课题促使体验者深入思考。

在 AI 时代，要抛弃"不花心思就能轻松赚钱"和"艰辛枯燥的工作又会让人产生想要懈怠"的想法。因为 AI 的存在，人类就可以转向更有创造性、更需要思考的工作内容。

就我自身而言，通过精密观察和进行分析并提出假设，然后与别人讨论对假设进行定性、定量验证的过程，可以让我获得无比的乐趣。这个过程充满惊险刺激，有趣至极。即使每天工作 17 个小时，我也不会感到疲倦，每天都能收获快乐和人生意义。

今天的 AI 在法律上与家养的宠物猫一样，是一种没有人格和财产权的工具，不具有任何责任感和责任能力。AI 的所有判断都需要由人类负责。人类则会从这样的责任中感受到强烈的成就感和深刻的喜悦。

▲ 将 AGI 作为工具使用

正如前文所述，探索人类和人类群体的人文科学与社会科学，是作为 AI 模仿榜样的知识宝库。

目前，有关社会智能（人类社会的智能）及人类的言论、行为等将被作为社会心理学的研究对象持续进行评估和模式化研究。另一方面，服装店店员象征的实际工作内容、具体的人为判断、言论和行动则包含了许多 AI 研究人员应该深入学习的启示。

在 SERVQUAL（"Service Quality"服务质量的缩写）法案发布的美国的流通、零售科学协会、工商管理协会、跨学科研究会，以及将 ITIL 作为该领域的最佳实践推广普及启蒙的 itSMF Japan 研究会的意见，也值得我们倾听和学习。

本书不涉及 AI 的基础研究，但我非常关注包含了认知心理学和医学生理学的认知神经科学的研究趋势。第二次 AI 热潮时期的逻辑编程、遗传算法等进化算法，面向代理的架构在对深度学习如何构建的思考，也能够带来意料之外的突破口。

有人认为，到 AGI 和"强 AI"出现为止，所有 AI 都只是辅助工具。即使 AGI 和"强 AI"在遥远的未来出现，也并不意味着它们不能作为工具，直到类似于科幻电影中的情况变为现实[1]。例如，将人权和财产权合法地给予"他们"并且等同于人类。

作为 AGI 的萌芽，让我们假设刚才提到的谷歌 DeepMind 的研究成果，即通过输入文字内容来识别 3D 世界的功能搭载在 iRobot 开发的扫地机器人 Roomba 上。

---

[1]　文中说法源自新《星际迷航》第 35 集《为人的条件》（*The Measure of a man*）中，围绕着 24 世纪后期在银河系一角诞生的唯一具有自我意识的生化人数据先生（Mr.Data）的人权，宇宙飞船内的法庭上发生了激烈争执的场景。

Roomba 是一种 AI 应用产品，其基本设计由机器人工学的权威罗德尼·布鲁克斯（Rodney Brooks）博士完成，他同时也是麻省理工学院人工智能研究所所长。Roomba 上的传感器不仅可以检测并避开障碍物，还可以记忆房间的地形和家具的位置（在储存体上），并"思考"最有效率的移动路线，避免重复经过同一地点。Roomba 使用的技术，于 2002 年面世时处于 AI 应用的最前端。

人类也可能错误地多次扫过同一个地方，而 Roomba 表现得更加智能。虽然创建房间的地图或模型是一个通用型处理，但它执行的任务只是单一的扫地，因此可以说 Roomba 是用于专业领域的"弱 AI"。

将语音识别和谷歌 DeepMind 的文本理解功能添加到 Roomba 会更方便。当用户发出"那边不用再扫了，这边这个地方好好扫一下（同时用手指向该处）"的指令时，Roomba 会在回答"明白了，我这就去"的同时，忠实完成用户的指示。要实现这一点，还需要具有理解指向和手势含义的图像、视频识别功能，以及能够知道声源位置的立体声声音识别功能。

即使配备了与五种感官相对应的各种传感器，能够内部构建再现真实世界模型，更加灵活地学习人类"常识"的 AI 出现，它也依然和具有自我意识、能够自主学习的人类有着天壤之别，依然只是一种工具———种非常出色的工具。

具备视觉功能，可以捕捉工匠的动作并进行模仿，远比目前的 AI 方便且用途广泛的工具将在不远的将来诞生。而身处这个行业，我为能够在如此精彩的时代投身 AI 研究一线的工作深感幸福。

ARTIFICIAL INTELLIGENCE

结语

本书是为制定 AI 战略的经营人员及现场执行人员编写，旨在增进两者的互相理解和沟通及目标的共享，由此提升服务水平和服务范围，提高生产效率。

为此，我努力收集了很多具体的材料，其中包括了 AI 企业通过实践获得的极有价值但从未公开的经验。在如今充斥着与 AI 有关的各种新闻与信息的环境中，能真正帮助我们实现目标的永恒不变的举措，就是我在本书中阐述的对于精确率和召回率的精度目标的设定，以及利用混淆矩阵设计新的业务流程的理念。例如，产品的外观检测中，如果合格品与不良品的混淆精度在一定水准以下，那么即使存在合格品的可能性也依然被检查对象做报废处理，以此可以降低整体的检测、报废成本。如果人力成本大于 AI 开发加上运营成本，就能够提升生产效率，增加收益率。

同时，在本书中提到识别与分类的判断条件无法规范化，并且难以用语言和数学公式来定义，为此需要制作大量样本数据。我对于样本数据制作的难度与高昂成本也做了详细的说明。在制作样本数据时如有失误，就会导致 AI 的精度低下。如果精度过低，则可能导致 AI 开发项目的完全失败，甚至与竞争对手之间产生致命性的差距。

由于样本数据制作本身的规范并不充分，要保证它的质量和数量并不容易。因此，如果标注人员不尽责，那么即使投入很大成本也无法获得良好的品质。另外，标签标注的工具也非常重要。除此之外，做好知识的移交、培训及质量管理，避免项目产生瓶颈也是 AI 开发成功的关键。

质量管理的具体方法包括抽样检查和原型 AI 判断结果的差异比较等。为了推测来自样本数据的误差分布，可以考虑使用统计学的 bootstrap 方法。事实上，为了让标注工作更顺利，我们应该首先构建一个良好的用于标签标注的用户界面，尽力同时实现质量改进与效率提升。

软硬件和开发框架将在未来继续快速扩充。HDD 与 CPU 的发展已很难再遵循摩尔定律，但集成了多个 GPU 的超级计算机的性能仍然保持着指数级的增长，价格也越来越低。就此点而言，在数据制作与维护方面采用高端的硬件也许比使用人力更廉价。可以参考本书中对于倍精度、标准精度、半精度之间的性能差异，以及主板、内存的要求的说明内容，选择当时性价比最高的硬件组合。

软件组件和开发框架的选择，也需要根据目的、选择的机器学习种类、实施策略（各种功能和性能、精度等非功能性要求、开发语言、通用性等）进行选择。

第 3 章中表 3-2 所示的混淆矩阵非常重要。日本的交通标志

（图3-2等）在形状完全不同的群体中有深红色形状，有圆形红色条纹、倒三角形、蓝色圆形、矩形、黄色钻石形等不同的形状。对于形状完全不同的标志，进行过深度学习后，判断结果几乎不会发生混淆。而形状相同的标志，如对于同样是黄色钻石形状的注意落石标志和注意动物标志的识别，会发生一定概率的混淆。但实际的驾驶场景中，两个标志的识别即使发生混淆，对于司机和汽车来说，要做出的反应几乎相同——"注意四周情况"。

如果两个标志都是红圈内有一个"×"，一个在圈里有"禁止通行"，一个圈里有"禁止停车"的文字会如何？对于目前的AI而言，这两个标志几乎相同，很难消除混淆。看到这两个标志时要采取的行动恰好相反，一个是"停车"，一个是"不能停车，继续前进"，这样的混淆产生的后果就非常严重。如果自动驾驶的车辆因为识别错误而不当停车，就可能发生被后方车辆追尾导致乘客受伤。

也许意义相反的标志采用相似的设计本身并不妥当。日本政府正准备参考联合国的样式修改交通标志。希望以此为契机，交通标志的图案能变得更易于AI识别，当然对于人类而言会更不易误认。[1]

目前，AI领域的权威专家开始陆续宣称AI技术的奇点不会到来。而另一方面，Google旗下的DeepMind公司在2017年下半年

---

[1] 在国会的问答触发了交通标志修改的讨论，相关信息可参考众议院会议记录第189次内阁委员会第6号。

的两个月内，发布了 7 项接近于通用 AI 级别的研究成果（参与的研究人员达 500 人）。我们所处的社会，几乎每天都会有 AI 技术获得突破的消息，使用 AI 的企业发出使人震惊的财经新闻。身处在舆论喧嚣中的我们应该报以何种心态才能不受周围的影响，稳步扎实地推动自己所在企业对 AI 技术的应用呢？

扫地机器人 Roomba 之父，接替 P.H. 温斯顿担任麻省理工学院计算机科学与人工智能研究所所长的罗德尼·布鲁克斯教授是机器人与人工智能技术领域的最高权威。他也宣称："机器人技术的奇点并不会到来。如今在全世界蔓延的有关 AI 的误解是危险的，对 AI 的发展有害。人们没有必要害怕不可能发生的事情。"

他还对人们之所以对 AI 产生错误观念的七个原因做了说明。[①]可见，轻易地将 AI 的能力等同于人类的过高评价是不符合事实的。反之，过于低估 AI 的能力也同样不妥当。

AutoML 是 DeepMind 公司最近的一项研究成果，它可能会提高 AI 的实用性。在深度学习训练中，需要根据分类结果和适用的样本数据切换各种学习参数不断试错。自动机器学习系统 AutoML（Automatic Machine Learning）能够将这个试错的过程自动化，而且能够实现比世界顶级深度学习技术研究室更高的分类精度，非常值得关注。今后，随着各种类型的量子计算机的普及，能够匹敌于部分人脑功能的 AI 有可能突然出现。

然而，目前的 AI 技术与具备自我意识和责任感的人工生命体

---

① 参考麻省理工学院技术评论《奇点不会出现 —— 有关 AI 未来预测的七个误解》。

之间依然存在断层。我依然认为仅仅将目前的研究手法进行延伸并不能迎来奇点（恐怕到 21 世纪末都不会到来）。当然，作为一名科学研究人员，我非常欢迎这个预测能被现实推翻。一旦奇点的前景出现，就一定需要立即进行法律和经济系统的大改造，如果能为此做贡献我将无比欣喜。

历史上，一旦有新技术出现，就通常会遭受负面的攻击。而有关 AI，也出现了深度学习特有的安全性问题。

有一种只针对 AI 的特殊图像加工手法，能够让将原始图像变形后的图像骗过 AI，让它在识别时以 100% 的置信度做出与事实完全相反的识别结果。这种变形后的图像在人类看来虽然与原始图像相似，但依旧能够做出区分，但 AI 则不能。

深度学习是非线性的，图像识别是多对一的配对。因此，原则上可以将那些似是而非的图像都归到特定的分类中去。在某种程度上，对所有可能性进行试错后，如果发现有某种图像加工的模式，有可能会造成性命攸关的严重误判。据说，具有自动驾驶功能的车辆将来要学习多达一亿个场景。如果故意将一些障碍物伪装后让车辆忽略，或在交通标志上贴上与原来的意思完全相反的贴纸，使车辆误识别造成恶性事故，就很有可能导致已经发展到实用阶段的自动驾驶技术不得不回到起点，从零开始。

其次是 AI 开发的内部人员或外部人员侵入内部网络，污染大量样本数据，将噪声混入其内。这种手法被称为"训练数据污染"（Training Set Poisoning）。为了让竞争对手的 AI 开发项目失败或延迟，或是为了阻碍整个行业引入 AI 的进程以保护既得利益，这样的势力今后很可能会不择手段地搞破坏。

再者就是被称为"特洛伊木马"（Trojan Horse）的针对深度学习的恶意软件。即在 AI 系统所依附的神经网络结构中植入缺陷，使得某种契机下网络架构会发生局部变化。变动后的网络架构与正常架构很难分辨，随着迁移学习的普及会造成严重的影响。

随着机器学习的全面普及，业务流程变得更为复杂，同时也将更为丰富。利益相关者也会增加，权利关系和责任关系也会复杂化。而当前的法律制度尚有许多不足，对于完成学习后的神经网络这种花费大量经验与成本，通过反复评估与改善获得的结晶，目前的知识产权法尚无法为其提供充分的保护。如在我的另一部著作《人工智能改变未来》中所述，AI 的版权归属和使用也存在问题。

在改善法律制度的同时，在数据主导型经济体制下，对于 AI 开发人员和 AI 部署的相关人员的正当权利（同时明确义务和处罚）的保护，日本不能再继续落后于其他国家。我期待能够立法促进 AI 迅速而广泛地普及。

当然，法律的完善并不意味着 AI 的引入就必然变得顺利。即使用混淆矩阵构建了新业务流程，仍然有必要随时更新，并灵活地跟踪判断结果和概率值分布的变化。我称之为流动型业务流程。

如果疏于重新审视业务流程，低效的流程就会固化。这样可能在引入 AI 之前，产品和服务质量就已经低下，生产率也会降低。希望大家都能够参考本书或其他指南，避开上述陷阱，将烦琐的业务快速由 AI 承担。

除了帮助人类处理烦琐业务的 AI，还有许多传统的 AI 工具，也能够提升生产效率，比如可以加工数据使定型业务自动化的 RPA（Robotic Process Automation）。希望大家在关注生产效率和品质数据的同时，也能够着眼于劳动人民的幸福度的提升，积极地尝试各种 AI 和 IT 工具，并对它们的效果进行评估，加以改善。

本书得到了许多人的支持，特别是日经 BP 杂志社的田中淳先生，在本书的策划阶段就得到他的大力支持。在完稿阶段，他又帮忙对每个章节进行了推敲，在此表示谢意。今后，我会与其他更多同行朋友一起，在 AI 发展前景广阔的日本，为推动 AI 技术的运用而尽自己的全力。

北京阅想时代文化发展有限责任公司为中国人民大学出版社有限公司下属的商业新知事业部，致力于经管类优秀出版物（外版书为主）的策划及出版，主要涉及经济管理、金融、投资理财、心理学、成功励志、生活等出版领域，下设"阅想·商业""阅想·财富""阅想·新知""阅想·心理""阅想·生活"以及"阅想·人文"等多条产品线，致力于为国内商业人士提供涵盖先进、前沿的管理理念和思想的专业类图书和趋势类图书，同时也为满足商业人士的内心诉求，打造一系列提倡心理和生活健康的心理学图书和生活管理类图书。

《AI：人工智能的本质与未来》

- 一部人工智能进化史。
- 集人工智能领域顶级大牛、思维与机器研究领域最杰出的哲学家多年研究之大成。
- 关于人工智能的本质和未来更清晰、简明、切合实际的论述。

《匠心设计1：跟日本设计大师学设计思维》

- 深入解析日本一线知名设计大师匠心设计背后的思考方法。
- 用设计思维助力企业完成从品质经营时代到设计经营时代的成功转型。

《匠心设计 2：跟日本企业学设计经营》

- 深入分析日本产品备受消费者青睐的原因。
- 揭秘日本知名企业的设计经营之道。
- 助力企业突破传统经营思维的局限性，拓展市场新出路。

《机器脑时代：数据科学究竟如何颠覆人类生活》

- 我们已经进入了数据＋算力＋算法发挥着巨大威力的机器脑时代。
- 在揭示机器脑时代本质的基础上，作者对经营、工作、数据等战略问题进行了三位一体式的讲解，为个人和企业在机器脑时代获得长足发展献计献策。

《语音界面冲击：人机交互对话的未来与应用》

- 语音技术将重塑人和机器的关系，为我们带来远远超乎想象的未来。
- 语音技术的进步使科幻电影中人机对话的场景正在逐渐走进现实生活。